山东商业职业技术学院资助出版

吃鱼吃出聪明来

张家国
孟　琳　编著
张锐昌

化学工业出版社
·北京·

本书共6章，第1章“聪明的基本内涵”介绍了聪明的定义；智力的含义、构成因素、影响智力的因素；智商的定义、影响智商的因素、智商的测验方法等内容。第2章“聪明的催化剂”介绍了脂类的定义、分类及生物功能；脂肪酸的定义、分类、功能及来源；人体必需脂肪酸的含义、分类及作用；脑黄金（DHA）含义、营养价值及来源。第3章“‘脑黄金’的最主要来源”介绍了高DHA含量的10种海水鱼和10种淡水鱼的特征，以供读者辨识。第4章“鱼肉的营养价值与评价”挖掘国内外最新的研究数据，分析了常见20种高DHA含量鱼的营养成分含量，对其营养价值与猪肉、鸡蛋、对虾进行了比较和评价。第5章“使人变聪明的鱼类”介绍了20种常见高DHA含量鱼的食疗作用与选购技巧，列出了20种鱼补蛋白质促生长、健脑益智、降血脂和胆固醇、补钙、补铁、补硒、补锌、补维生素的排行榜；并分别介绍了活鱼、冰鲜鱼、冷冻鱼的选购技巧。第6章“聪明是吃出来的”介绍了58种可使鱼肉中DHA损失最少的烹饪方法（如清蒸、清炖、红烧、酱焖、烤制、香酥、制作生鱼片等）。本书采取层层递进的形式，在适当的位置配有大量高清彩图，力求做到图文并茂、通俗易懂。本书适合当代年轻父母、营养师、厨师、厨艺爱好者、少年儿童和老年人阅读。

图书在版编目（CIP）数据

吃鱼吃出聪明来/张家国，孟琳，张锐昌编著. —北京：化学工业出版社，2020.1
ISBN 978-7-122-35717-5

Ⅰ. ①吃… Ⅱ. ①张… ②孟… ③张… Ⅲ. ①鱼类菜肴-菜谱 Ⅳ. ①TS972.126.1

中国版本图书馆CIP数据核字（2019）第247218号

责任编辑：漆艳萍　　装帧设计：韩　飞
责任校对：宋　夏

出版发行：化学工业出版社（北京市东城区青年湖南街13号　邮政编码100011）
印　　装：天津图文方嘉印刷有限公司
710mm×1000mm　1/16　印张14½　字数228千字　2020年9月北京第1版第1次印刷

购书咨询：010-64518888　　售后服务：010-64518899
网　　址：http://www.cip.com.cn
凡购买本书，如有缺损质量问题，本社销售中心负责调换。

定　　价：89.00元

前言

Preface

据联合国粮食及农业组织（FAO）的最新统计表明，水产品是人类饮食的重要组成部分，它为约31亿人口提供了近20％的日均动物蛋白质摄入量，而且是直接食用的长链ω-3系列多不饱和脂肪酸最主要的食物来源。鱼肉是最利于人体健康的食品之一，经常吃鱼的人头脑聪明。这是因为鱼类中含有大量的长链ω-3系列多不饱和脂肪酸。其中，二十二碳六烯酸（DHA）是人类必需的ω-3系列多不饱和脂肪酸之一，被称为“脑黄金”，它参与脑细胞的形成和发育，维持神经细胞正常的生理活动，参与大脑思维和记忆的形成过程；另外，有些鱼肉还含有二十碳五烯酸（EPA）和二十二碳五烯酸（DPA），同样是人类必需的ω-3系列多不饱和脂肪酸，被称为“血管清道夫”，具有促进体内饱和脂肪酸代谢，帮助降低胆固醇和甘油三酯含量，调节血脂软化血管，降低血液黏度，防止脂肪在血管壁沉积，预防动脉粥样硬化的形成和发展、预防脑血栓、脑出血等心脑血管疾病的作用。DPA还具有改善视力、促进生长发育和提高人体免疫力等功能。因此，孕妇经常食用鱼肉可促进胎儿的生长发育；少年儿童经常食用鱼肉不仅可以增强智力和提高记忆力，而且还可以改善视力、促进生长发育和加强免疫功能；老年人经常食用鱼肉可降低胆固醇和甘油三酯含量，调节血脂，预防心脑血管疾病的发生。但是，由于鱼的种类繁多，不同种类的鱼肉中DHA、EPA和DPA含量差别很大，因此，并不是吃所有种类的鱼肉都能起到以上的保健功效。

鱼油胶囊含有DHA和EPA。医学专家不推荐孕妇、婴儿和少年儿童服用这种含有EPA的补充剂，因为它会在发育过程中破坏人体内的DHA与EPA平衡。据研究，服用鱼油胶囊可能会导致凝血时间延长、稀便、腰部不适和不断打嗝等副作用。因此，专家推荐可以通过食用富含DHA的食品（如鱼肉等）来避免这种破坏。

鱼肉是生活中很常见的一种食材，虽然营养价值丰富，但是如果烹饪不当，会造成营养成分特别是DHA的流失，因此，只有掌握恰当的烹饪方法，才能吃出鱼肉的真正价值，才能通过吃鱼吃出聪明来。

本书共分6章，第1章“聪明的基本内涵”介绍了聪明的定义、智力的含义、构成因素、影响智力的因素；智商的定义、影响智商的因素、智商的测验方法等内容。第2章“聪明的催化剂”介绍了脂类的定义、分类及生物功能；脂肪酸的定义、分类、功能及来源；人体必需脂肪酸的含义、分类及作用；脑黄金（DHA）含义、营养价值及来源。第3章“‘脑黄金’的最主要来源”介绍了高DHA含量的10种海水鱼和10种淡水鱼的特征，以供读者辨识。第4章“鱼肉的营养价值与评价”挖掘国内外最新的研究数据，分析了常见20种高DHA含量鱼的营养成分，对其营养价值与猪肉、鸡蛋、对虾进行了比较和评价。第5章“使人变聪明的鱼类”介绍了20种常见高DHA含量鱼的食疗作用与选购技巧，列出了20种鱼补蛋白促生长、健脑益智、降血脂和胆固醇、补钙、补铁、补硒、补锌、补维生素的排行榜；并分别介绍了活鱼、冰鲜鱼、冷冻鱼的选购技巧。特别需要指出的是：本书首次根据脂肪含量和DHA占比，计算出了每100g鱼肉所能供给人体利用DHA的实际重量，列出了20种鱼健脑益智作用排行榜；首次根据脂肪含量和EPA+DPA占比，计算出每100g鱼肉所能供给人体利用EPA+DPA的实际重量，列出了20种鱼类降低血脂和胆固醇作用排行榜，突破了原来只根据DHA或EPA在脂肪酸中占比来评价鱼类相关作用的两大误区。第6章“聪明是吃出来的”介绍了58种可使鱼肉中DHA损失最少的烹饪方法，如清蒸、清炖、红烧、酱焖、烤制、香酥、制作生鱼片等。其中第1章、第3 ~ 5章由张家国（教授）撰写、第2章由张锐昌（副教授）撰写、第6章由孟琳（讲师）、刘娟（讲师）、黄宝生（讲师、博士）和张长峰（教授、博士）撰写，最后由张家国统一修改定稿。

本书采取层层递进的形式，在适当的位置配有大量高清彩图，力求做到图文并茂，通俗易懂，适合当代年轻父母、营养师、厨师、厨艺爱好者、少年儿童和老年人阅读，为帮助提高我国儿童和青少年的智力提供了一条简单可行的路径。

上海海洋大学陈新军教授、中国水产科学研究院南海水产研究所谢骏研究员、山东商业职业技术学院解正章讲师提供部分图片，在此一并致谢。

本书是山东省社会科学联合会立项课题的研究成果，项目批准号：鲁社科联字〔2018〕41号。本书得到国家重点研发计划项目“智慧农机装备”重点专项（编号2018YFD071004）支持。

张家国

2019年10月17日写于济南

目录

Contents

聪明的基本内涵

——聪明、智力与智商

1.1 聪明

究竟什么是聪明呢？庄子说："目彻为明，耳彻为聪。"通俗地讲，就是眼睛看得透彻，耳朵听得清楚。看得透彻，听得清楚，不是靠放大镜和扩音器，而是要靠思维。常言说：一览环球小，三思宇宙大。人的耳聪目明是以思维为灵魂的，耳朵借助科学思维可以听到一切，眼睛借助科学思维可以看到一切。

1.1.1 聪明人的特征

1.1.1.1 聪明人适应能力强

聪明人常常有良好的适应能力，懂得在不同环境下绽放光芒。高智商的人，不管当前面临的条件多么复杂，有多少限制因素，他们都能很好地完成任务。最新的一项心理学调查支持了这一观点。智商能力，常常表现为：因环境的变化而调整个人的行为从而更有效地适应它，或对当前所处的环境做出一些调整。

1.1.1.2 聪明人了解自己的不足

聪明人敢于承认自己不熟悉的领域。如果他们不知道，他们会进行学习。观察发现，智商越高的人，就越不会高估自己的认知能力。

1.1.1.3 聪明人具有永无止境的求知欲

爱因斯坦曾经说过："我并不是什么天才，我只是一个充满好奇心的人罢了。"聪明的人会让自己迷上那些其他人觉得理所当然的事物。2016年的一项调查显示，儿童的智商水平与经验的开放性之间有一定联系，其中包含了求知欲。科学家们连续50年跟踪调查了成千上万的英国人，调查发现，在11岁时获得较高的智商测试分数的人，在50岁时也更能接受新鲜事物。

1.1.1.4 聪明人心胸开阔

聪明人不会对新的观点和机会抱有消极的态度。聪明人愿意以有价值和开放的心胸去接受和考虑不同的观点，他们对不同的解决方案都能持有开放的态度。心理学家表示，心胸开阔的人——也就是能够想出替换的办法，公平衡量证据的人，在智商测试中获得了较高的分数。与此同时，高智商的人也会在意自己所采纳的观点和角度的实用性。高智商的人非常讨厌根据事物的表面价值而接受事物，因此他们会坚定信念直到找到足够的支撑证据才完全接受事物。

1.1.1.5 聪明人喜好独处

聪明人一般都很“个人主义”。有趣的是，最新的研究就显示了智商越高的人越不喜欢从社交当中获得满足感。

1.1.1.6 聪明人有较强的自制力

聪明人懂得通过“计划—分清目标—寻找多种策略—在行动前考虑后果”来防止冲动的行为。科学家们也发现了自制力和智商之间有联系。在2009年的一项调查研究中，参与者需要在两种奖金中作选择：马上可以得到一笔小奖金，或晚些时候得到一笔更大的奖金。结果显示，选择在晚些时候获得更大奖金的参与者，也就是自制力更高的人，在智商测试中的分数通常更高。该项调查的研究人员表示，人脑的一部分——前额叶皮质，也许起到了协助人们解决难题并在实现目标的过程中行使自制力的作用。

1.1.1.7 聪明人都很有趣

聪明人常常有很强的幽默感。科学家们也同意这个观点。有一项研究发现，能够描画出有趣漫画的人，在语言智商测试中获得更高的分数。另外也有一项研究发现，职业喜剧演员比普通人拥有更高的语言智商。

1.1.1.8 聪明人对他人的经历有较强的感受力

高智商的人几乎可以感受他人所想和所感。一些心理学家表示，同理心是情绪智商的一个核心要素，能够理解他人的需求和感受，并且贴心地做出行动。情商高的人通常都很愿意与新朋友交流并且更多地了解对方。

1.1.2 吃鱼会使人变得更聪明

鱼是最利于人体健康的食品之一，居住在北极圈内的爱斯基摩人以鱼为主食而长寿。英国脑营养化学研究所的克罗夫特教授在他写的《原动力》一书中，发表了“吃鱼可使头脑聪明”的震惊世界的假说。这一假说的主要观点是：大脑的发育不可缺少DHA（二十二碳六烯酸）。这一观点已被科学实验所证实。研究发现，鱼体富含DHA，这是一种大脑营养必不可少的多不饱和脂肪酸，它有活化大脑神经细胞，改善大脑机能，对大脑细胞，特别是对脑神经传导和突触的生长、发育有着极其重要的作用，对于搜寻能力、判断力、集中力和嗅觉（感觉能力）都有重要影响，可提高记忆力，减少失误。

美国宾夕法尼亚州立大学的科学家通过对儿童进行相关调查也证明，多吃鱼有助于提高智商和改善睡眠质量。瑞典哥德堡大学教授谢尔·特伦在调查了近4000名瑞典青少年后发现，智力测试得高分与经常吃鱼之间存在“明显联系”。他说，平均而言，孩子15岁时每周吃鱼一次，那么3年后他们的智力测试成绩增加了6%；如果15岁时每周吃鱼一次以上，那么测试成绩提高了11%。

从受精卵开始分裂细胞时，DHA就开始施加影响，胎儿通过胎盘从母体中获得DHA，能促进胎儿的生长发育，形成胎儿脑细胞膜的磷脂质多，避免因DHA不足而造成流产、死胎或生下脑细胞数较少的先天性弱智儿。DHA能帮助孕妇生一个健康聪明的宝宝。

哺乳期的妇女常吃鱼，使母乳中多含DHA，就会为婴儿的大脑和神经系统的发育提供丰富的DHA，对孩子的健康发育大有裨益。

据科学家调查，每100g母乳中DHA的含量：美国人约7mg，澳大利亚人约10mg，日本人约22mg。日本人母乳中的DHA含量是美国、澳大利亚的2 ~ 3倍，其原因在于日本人吃鱼比较多，因此日本儿童的智商一般比欧美儿童高。

青少年多吃鱼，增加DHA的吸收可刺激大脑神经突触不断地生长，增强记忆力。

中年人精力旺盛，在工作繁忙时期，由于经常用脑，急需补充大量的DHA，要注意多吃鱼。

老年人吃富含DHA的鱼之后，脑脂质状态可恢复到年轻时的状态，改善记忆力，对治疗老年痴呆产生良好效果。

除此之外，DHA还能降低血液中胆固醇浓度，防止血栓形成，减少心脑动脉粥样硬化等心脑血管疾病的发生，抑制炎症，抑制癌症。以食鱼、贝等海产品为主的爱斯基摩人几乎与各种心脑血管疾病和癌症等病无缘。

可见，多吃鱼获得足够的DHA，可以健脑健身，防止疾病发生。

1.2 智力

智力通常叫智慧，也叫智能，是指人认识、理解客观事物并运用知识、经验等解决问题的能力。智力包括多个方面，如观察力、记忆力、想象力、分析判断能力、思维能力、应变能力等。

美国心理学家霍华德·加德纳认为："智力是在某种社会和文化环境的价值标准下，个体解决自己遇到真正难题或生产及创造有效产品所需要的能力。"

对智力的详细解释：智力是指人的才智与勇力；智力是指人认识、理解客观事物并运用知识、经验等解决问题的能力，包括记忆、观察、想象、思考、判断等；智力是指人类用智慧的方式解决问题的能力。

1.2.1 智力的构成要素

1.2.1.1 观察力：打开知识宝藏的金钥匙

观察是大脑通过视神经获得外界事物的颜色、容度、形状等信息进行加工处理的一种心理过程。

观察是一种有计划、有目的、较持久的认识活动，科学研究、生产劳动、艺术创造、教育实践都需要对所面临的对象进行系统、周密、精确、审慎的观察，从而探寻事物发展变化的规律。科学家、发明家、改革家、教育家、艺术家等的成就，在很大程度上是与观察力的高度发展分不开的。可以说，人类社会的众多发明创造，都是通过精心而深邃、长期而系统的观察所孕育的硕果。

古今中外许多成就卓著的人，都以超人的观察力而闻名于世，并以其独特、精细的观察方法取得成功。

在智力结构中，观察力是打开知识宝库的“金钥匙”，大脑高级思维的启动，大部分来自观察，提高智力要抓好观察力的训练。敏锐、精细的观察力是衡量一个人智力高低的重要标准。

1.2.1.2 注意力：开启心灵之窗

“注意”就是人们常说的“专心”，“全神贯注”是注意力集中的最高表现。

“注意”是意识对一定对象的指向和集中。注意的对象，可以是外界的刺激，也可以是自己内部的心理活动，如专注于思考、体验、回忆等。

“注意”是学习与成才的重要条件，该学什么，该做什么，该怎么做，这种对内容的选择都是由“注意”决定的。在单位时间内，因为人的精力有限，不可能一心两用，故只有靠专心致志、全神贯注、聚精会神，才有可能达到最佳效果。燕国材教授认为，“注意”是智力活动的警卫，外界信息纷至沓来后，人们不能一概接受，那么究竟对何者“闭门谢客”，就靠“注意”发挥其警卫作用。而且，“注意”还是智力活动的组织者和维持者，人们的智力活动，都因有“注意”的参与，才得以顺利而有效地发生、发展和形成。

“注意”对人的一生具有十分重要的意义，它可以保证人能及时而准确地反映客观事物及其变化，使人能更好地适应周围的环境。在社会生活中，人们常常关注那些含有重大社会意义的问题，从而能更好地观察思考这些问题，根据自己对这些问题的认识来采取一定的行动。

良好的注意力能使人们集中自己的精力，提高观察、记忆、想象、思维的效率，可以说，能集中注意力的人就等于打开了智慧的天窗，所以注意力的培养对于开发人的智力，提高学习质量与工作效率，是必不可少的因素。

1.2.1.3 记忆力：智力活动的仓库

记忆是人脑对已感知过的、思考过的、体验过的、行动过的事物在大脑皮质的反映，并使这些事物在以后的生活实践中回想起来，或者当它们再现时能认出来的心理过程。记忆力是智力活动的仓库，素有“心灵之仓”之称。

日常生活中，人们在评价人是否聪明时，也常以其记忆水平作为指标。我们把过目成诵、旁征博引、博闻强记的人称为聪明人，而把学了就忘，遇事一问三不知者，称为糊涂虫。这种看法虽然片面，但也说明了记忆水平的高低对人的影响。正因为记忆是人们学习、掌握各门学科知识的必要条件，所以，记忆力的培养与提高就成为人们十分注意的问题。

青少年时代是记忆力发展的黄金时代，记忆力的发展水平不仅影响他们的学习成绩，而且也是影响他们智力发展的关键所在。青少年的学习大部分是接受前人积累的经验，在有限的时间内，学习大量的内容，并通过学习以发展自己的想象力与思维力。

1.2.1.4 想象力：人类知识进化的源泉

想象力是对头脑中已有表象进行加工、改造，创造出新形象的过程。

想象由无意想象、有意想象、再造想象、创造想象构成。想象在人类生活中起着极其重要的作用，离开了想象，人们不可能有任何发明创造。科学理论的假说、设计的蓝图、作家的人物塑造、工艺技术革新等，都需要极其丰富的想象力，想象是创造的前导，想象力越丰富，创造力就越强。想象是最有价值的创造因素。

想象是智力发展的重要因素。可以说，想象是智力活动的翅膀，它是人们学习科学文化知识和进行创造性活动必不可少的条件。一个人想象力丰富，思路必然开阔，智力发展水平便会有所提高；反之，想象贫乏，思路狭窄。其智力就难以发展。爱因斯坦曾说过：“想象力比知识更重要，因为知识是有限的，而想象概括着世界的一切，推动着进步，并且是知识进化的源泉。”刘勰在《文心雕龙》中也说过，通过它，一个人便可“思接千载，视通万里”，也就是说，人们可以借助于想象，打破时空所限，信马由缰，驰骋自如。

对青少年来讲，这个时期正是喜欢幻想的年龄，对未来都有美好的憧憬；积极的幻想，可以成为学习的巨大动力，如幻想可以把光明的未来展现在眼前，就可以产生无尽的力量投身于学习之中。同时，想象可以把死的知识变成活的东西，可以打破知识的限制，把古今中外一切有益的东西联系起来，使学习变得轻松愉快。想象的参与，可以提高学习的主动性与创造性。

1.2.1.5 思维力：所有智力活动的中心

思维是借助言语、表象、动作等形式，形成对客观世界的概括和间接的认识，并在解决问题中加以运用的过程。

在智力的组成因素中，思维占有十分重要的地位，可以说是核心地位。因为观察、注意、记忆、想象都是与思维密切联系在一起的。在国内首次提出“非智力因素”的概念及理论、素质教育的积极倡导者、上海师范大学教授燕国材先生曾称，思维是“智力活动的方法”。智力就好比一只鸟儿，要运用和发展智力，就必须运用思维力。掌握一套智力操作的方法即思维方法，就可以在大量信息的基础上，积极加工，合理改造，去粗存精，提出各种新结论，以解决各种新问题。同时，思维是智力的核心，其他诸因素都为它服务，为它提供加工的信息原料，为它提供活动的动力资源；没有思维这一加工机器的运转，信息原料和动力资源都只能是一堆废物。

1.2.2 影响智力的因素

1.2.2.1 遗传因素

一般来说，父母的智力高，孩子的智力也不会低。这种遗传因素还表现在血缘关系上，例如，父母同是本地人，孩子平均智商为102；而隔省结婚的父母所生的孩子智商达109；父母是表亲，低智商的孩子明显增加。

1.2.2.2 母乳因素

母乳中含有多种促进儿童智力发育的活性物质，特别是对智力发育有重要影响的牛磺酸比牛奶要高出10倍之多。据调查，吃母乳长大的儿童比吃代乳品长大的儿童，其智商要高出3 ~ 10分。英国剑桥大学营养学专家对30多名7 ~ 8岁的儿童做了智商测验，并与婴儿期的食谱进行对照，发现母乳喂养的孩子普遍智商较高，比吃代乳品的孩子平均多10分。奥秘在于母乳中含有多种可促进儿童大脑发育的活性物质，特别是一种叫作牛磺酸的特殊氨基酸，不仅能增加脑细胞的数量，促进神经细胞的分化与成熟，还有助于神经节点的形成。与牛奶相比，母乳中牛磺酸的含量高出10倍多。

1.2.2.3 饮食因素

一般来说，吃肉过多或贪吃的孩子智力会降低。不吃早餐的孩子智力会受到影响，这是因为早餐摄入的蛋白质、糖、维生素和微量元素等都是健脑的重要成分。

1.2.2.4 体重因素

体重超过正常儿童20%的孩子，其视觉、听力、接受知识的能力都会处于较低的水平。这是因为肥胖儿过多的脂肪进入脑内，会妨碍神经细胞的发育和神经纤维增生。

另外，也有不少孩子骨瘦如柴，同样对大脑的发育不利，进而影响智力的发育。这些孩子中除了少部分是由于疾病因素所致，大多与挑食、厌食有关。现在多数独生子女家庭或多或少存在宠孩子的现象，不少孩子往往一日三餐不正常，零食倒不离嘴，营养不良在所难免。有研究显示，吃早餐后两小时参加高难度考试的学生，其得分明显高于空腹的考生，纠正不良饮食习惯可以从坚持吃早餐开始。早餐是体内空腹一夜之后，包括大脑在内的全身各器官获得能量补充的第一餐，吃进的蛋白质、糖、维生素、微量元素的利用率高于其他两餐。

1.2.2.5 生活环境

生活在枯燥环境里的儿童（如弃婴），得不到母爱及良好的教育，智商会较低。据研究调查表明，这类孩子3岁时平均智商仅为60.5，反之，处于良好环境的3岁儿童智商平均为91.8。

1.2.2.6 父母的婚育时间

抽样调查结果显示：母亲在23岁以前所生子女的平均智商为103.24，而在28岁期间生育者高达109.29，但29岁以上所生的子女智商又低于105，故专家建议24 ~ 29岁期间为女性的最佳生育年龄。至于男性，则以30岁左右为优。“早生贵子”与“晚年得子”对子女的智力发育皆是不利的。适宜的年龄在养育孩子的过程中有充沛的精力，这对加强孩子的智力发育也是非常重要的。

1.2.2.7 孩子与父亲的接触机会

与母亲相比，父爱对孩子的智力影响更大，这是美国密执安大学科研人员的结论。据调查，有较多机会与父亲接触的孩子对外界刺激的敏感性、生活独立感和学习自信心具有优势。更多资料显示，常与母亲在一起的孩子对新奇事物兴趣更浓、社交能力更强，而与父亲打交道多的孩子数学成绩较高。因此，父亲不要将抚育孩子的责任全部推给妻子，父母亲在开发孩子智力时担当同样重要的角色。孩子无法获得父爱时，对其心灵、智力的打击是无法估量的。

1.2.2.8 维生素C的摄入水平

美国营养学家曾以350多名幼儿作为检测对象，发现其每100毫升血液中含维生素C在1.1mg以上者智商高出平均水平5分。这主要是因为人脑细胞中负责向脑输送养分的神经管，容易堵塞变细，致使大脑缺乏营养而功能减退，维生素C可使神经管保持通畅，从而保证大脑的营养供应。

1.3 智商

1961年美国斯坦福大学心理学家特曼教授在总结前人经验的基础上，提出了智商的概念，智商（intelligence quotient）即智力商数，英文缩写为IQ，它用来表示智力发展水平，是个人智力测验成绩和同年龄被试成绩相比的指数，是衡量个人智力高低的标准。

1.3.1 影响儿童智商的因素

1.3.1.1 母亲精神健康状况

如被两次以上诊断为情感障碍的，其孩子易发生智力障碍。因此保护母亲情感稳定和平衡极为重要。

1.3.1.2 母亲是否患抑郁症

智商高的儿童，他们的母亲75%无抑郁，而智商低的儿童其母亲患有抑郁症者占25%以上。郁郁寡欢、闷闷不乐、心理压抑是“高危因素”，对孩子的成长极为不利。

1.3.1.3　双亲教育儿童的观点

智商高的儿童，双亲75%是非专制型的，而低智商儿童的双亲，至少25%是采取专制型教育的。专制、强迫型教育是“高危因素”。

1.3.1.4　母子间的相互影响

智商高的儿童，75%的母亲有较多的自发爱抚表示，而缺乏自发爱抚行为则为“高危因素”。

1.3.1.5　母亲受教育程度

母亲受过中等以上的教育，其孩子发生智力障碍的少。

1.3.1.6　父母职业情况

技术熟练、工作顺利、人际关系好的父母，子女的智商较高。

1.3.1.7　家庭稳定状况

家庭幸福、和睦、健全，儿童受到良好影响，将促进智力发育。

1.3.1.8　生活中是否发生过意外

智商高的儿童，有75%以上在生活中没有意外。

1.3.1.9　家庭大小，子女多少

国外调查证实：胎次多的，智商则递降；两胎间隔长的孩子其智商高于两胎间隔短的孩子。

1.3.2　智商的测验方法

如何测量一个人的智力水平高低呢？

首先解决这个难题的是法国心理学家比奈和医生西蒙。他们研究制成“比奈－西蒙智力量表”来测量人类的智力水平。后来，德国心理学家斯腾和特曼提出智力商数的概念，即以智力年龄与实际年龄的比率来表示智力测验结果。计算公式为：

智商（IQ）= 智力年龄（MA）/ 实际年龄（CA）×100

由于“比奈－西蒙智力量表”存在很大的局限性，美国著名医学心理学家韦克斯勒改用离差智商的概念取代比奈的比率智商。离差智商假定同年龄组智商的总平均数为100，呈正态分布。用个人的实得分数与总平均数比较，就能够确定他在同年龄组内所占的相对位置，以此判定他的智力水平。计算公式为：

$$智商（IQ）=100 + 15Z$$

$$Z=（X-\overline{X}_z）/S$$

式中，Z代表标准分数；X代表个体测验得分；$\overline{X}_z$代表团体的平均分数；S代表团体数的标准差。

美国心理学家推孟对智商划分了层次：智商140以上者接近极高才能（国外常把这种人称为“天才”），爱因斯坦拥有超过160的超常智商水平。智商120 ~ 140者为很高才能，110 ~ 120为高才能，90 ~ 110为正常才能。智商90以下，智力就逐渐下降、衰退。80 ~ 90为次正常才能，70 ~ 80为临界正常才能，60 ~ 70为轻度智力孱弱，50 ~ 60为深度智力孱弱，25 ~ 50为亚白痴，25以下者为白痴。推孟认为，正常智力的界限为智商90 ~ 110。这就是说，正常人的智商大都在90 ~ 110。

虽然智商是对智力的一种度量，但它们是两个不同的概念。智商不等于智力。智力是发展的，它随着儿童的成长及知识经验的丰富而发展；而智商是相对稳定的，它是一个和同龄人的平均数相比较的结果，因此它在人与人之间具有一定的可比性。但同时我们还必须认识到，由于智力结构的多维性，目前还没有一种智力测验的结果能够反映一个人智力的全貌，目前我们所能得到的智商，只是对人的一般智力的一种度量。

聪明的催化剂

——脂肪酸中的“脑黄金”（DHA）

2.1 脂类与脂肪酸

2.1.1 脂类的含义

脂类是人体需要的重要营养素之一，供给机体所需的能量、提供机体所需的必需脂肪酸。脂类、蛋白质、碳水化合物是产能的三大营养素，在供给人体能量方面起着重要作用。脂类也是人体细胞组织的组成成分，如细胞膜、神经髓鞘都必须有脂类参与。

脂类又名类脂或脂质，是一类生物有机化合物，低溶于水而高溶于乙醚、氯仿、丙酮等有机溶剂。脂类组成的主要元素有碳、氢、氧，有些还有氮、磷、硫。大多数脂类是由脂肪酸和醇作用所形成的酯及其衍生物，其中脂肪酸多是4碳以上的长链一元羧酸，醇包括丙三醇、鞘氨醇、固醇和高级一元醇。生物体中大多数具有酯的结构，以脂肪酸形成的酯最多。

脂类都是由生物体产生，并能被生物体所利用。食物中的油脂主要是油和脂肪，一般把在常温下呈液体的称作油，而把常温下呈固体的称作脂肪。人体每天需摄取一定量的脂类物质，但摄入过多可导致高脂血症、动脉粥样硬化等疾病的发生和发展。常见的脂类含量比较高的食物有鱼肉、畜禽肉、坚果类（如核桃等）、花生、大豆、油菜籽等（图2-1）。

2.1.2 脂类的分类

脂类包括油脂（甘油三酯）（图2-2）和类脂（磷脂、固醇类等）。

图2-1 脂类食物（张锐昌 摄）

图2-2 油脂（张锐昌 摄）

2.1.2.1 油脂

油脂即甘油三酯，或称之为三酰甘油，是油和脂肪的统称。一般将常温下呈液态的油脂称为油，而呈固态的称为脂肪。脂肪是由甘油和脂肪酸脱水合成而形成的。脂肪酸的羧基中的-OH与甘油羟基中的-H结合而失去一分子水，于是甘油与脂肪酸之间形成酯键，变成了脂肪分子。脂肪中的三个酰基（无机或有机含氧酸除去羟基后所余下的原子团）一般是不同的，来源于碳十六、碳十八脂肪酸或其他脂肪酸。有双键的脂肪酸称为不饱和脂肪酸，没有双键的则称为饱和脂肪酸。动物的脂肪中，不饱和脂肪酸很少，植物油中则比较多。膳食中饱和脂肪酸太多会引起动脉粥样硬化，因为脂肪和胆固醇均会在血管内壁上沉积而形成斑块，这样就会妨碍血液流动，导致心脑血管疾病的发生。也由于此，血管壁上有沉淀物，血管变窄，使肥胖症患者容易患上高血压等疾病。

人体内的脂肪占体重的10% ~ 20%。人体内脂肪酸种类很多，生成甘油三酯时可有不同的排列组合方式。因此，甘油三酯具有多种存在形式（表2-1）。

表2-1　脂类分类、分布及功能

功能分类	化学本质分类		分布及功能
储藏脂类	脂肪		主要分布：动物的皮下、胸腹膜、大网膜及内脏周围； 主要功能：储藏能量、缓冲压力、减少摩擦、保温作用
结构脂类	磷脂		主要分布：人和动物的脑、卵细胞、肝脏及大豆种子； 主要功能：生物膜的重要成分
调节脂类	固醇	胆固醇	功能：构成细胞膜的重要成分；参与血液中脂质的运输；使细胞膜在低温条件下仍保持一定的流动性
		性激素	促进人和动物生殖细胞的形成和生殖器官的生长发育；激发并维持第二性征
		维生素D	促进动物肠道对钙、磷的吸收和利用

储存能量和供给能量是脂肪最重要的生理功能。1g脂肪在体内完全氧化时可释放出38kJ（9.3kcal）的能量，是1g糖原或蛋白质所释放的能量的两倍以上。脂肪组织是体内专门用于储存脂肪的组织，当机体需要能量时，脂肪组织细胞中储存的脂肪可分解供给机体的需要。此外，高等动物和人体内的脂肪，还有减少身体热量损失，维持体温恒定，减少内部器官之间摩擦和缓冲外界压力的作用。

油脂分布十分广泛，各种植物的种子、动物的组织和器官中都存有一定量的油脂，特别是油料作物的种子和动物皮下的脂肪组织，油脂含量丰富。

2.1.2.2　类脂

类脂包括磷脂、糖脂和胆固醇及其酯等（图2-3）。

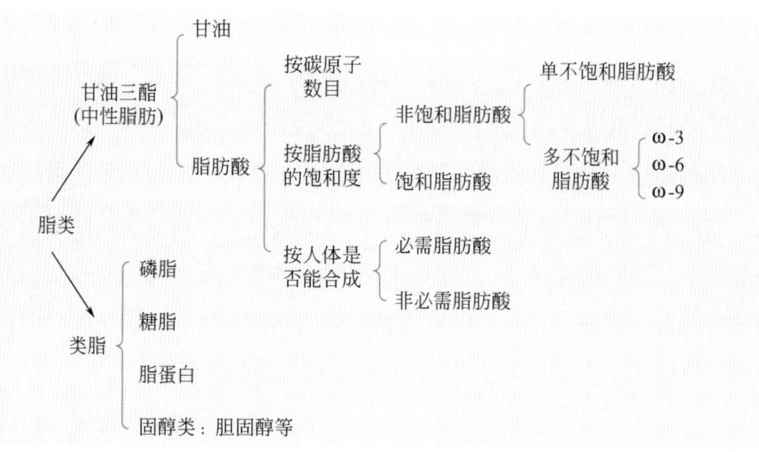

图2-3　脂类分类

① 磷脂是含有磷酸的脂类，包括由甘油构成的甘油磷脂与由鞘氨醇构成的鞘磷脂。在动物的脑和卵中及大豆的种子中，磷脂的含量较多。

② 糖脂是含有糖基的脂类。

③ 胆固醇及甾类化合物（类固醇）等物质，主要包括胆固醇、胆酸、性激素及维生素D等。这些物质对于生物体维持正常的新陈代谢和生殖过程，起着重要的调节作用。

另外，胆固醇还是脂肪酸盐和维生素D_3以及类固醇激素等的合成原料，对于调节机体对脂类物质的吸收，尤其是维生素A、维生素D、维生素E、维生素K的吸收及钙、磷代谢等均起着重要作用。这三大类类脂是生物膜的重要组成成分，构成疏水性的“屏障”，分隔细胞水溶性成分及将细胞划分为细胞器/核等小区室，保证细胞内同时进行多种代谢活动而互不干扰，维持细胞正常的结构与功能等。

2.1.3　脂类的生物学功能

脂类的生物学功能与其化学组成都是多种多样的，主要代表性的生物功能如下。

（1）脂类是生物体结构的组成部分　按照这种功能我们称这类脂质为结构脂质。磷脂是生物膜的基本成分。磷脂又名磷酸甘油酯，含磷酸，是一种复合脂类，广泛存在于动物、植物、微生物中，特别是在细胞的膜结构中，是细胞膜特有的主要组分。磷脂与生物膜特有的半透性、柔软性、高电阻性有关。

（2）储存能源　生物体内的主要脂质中脂肪是体内储存能量的物质。有时称这一大类脂质叫储存脂质。当机体摄取的营养物质超过正常需要量时，大部分要转化成脂肪并在适宜的组织中积累下来；当营养不够时，又可以进行分解供给生物体能量。脂肪含有高比例的氢氧比，含氢多，脱氢机会多，产能也就高，比同比例的糖产能高很多。作为储存能源还有一个好处就是有机体不必携带像储存多糖那样的结合水。脂类是机体能量储存的最佳形式，如动物脂肪细胞、油料种子中的甘油三酯。

（3）溶剂作用　有些生物活性物质必须溶解到脂质中才能在有机体中运输，并被机体吸收利用。例如一些脂溶性的维生素溶解于脂肪，不易被排泄，可储存于体内，不需每日供给。脂质在此是充当溶剂的角色，还能促进这类维生素的吸收。

（4）保温和保护作用　某些动物储存在皮下的脂肪不仅能储能，还能作为抗低温的绝缘层，防止热量散失。如南北极的动物，其皮下脂肪很多很厚起到保温作用；又如脊椎动物的皮脂腺可以分泌皮脂以保护和滋润毛发及皮肤，使之柔韧、润滑并防水。人和动物皮下及肠系膜部分的脂肪起到防震作用。另外，组织器官表面的脂质是很好的润滑剂，防止机械损伤。

（5）其他作用　如参与机体新陈代谢。有些脂质具有专一的生物活性被称为活性脂质。活性脂质不同于结构脂质和储存脂质，其是小量的细胞成分，包括类固醇和异类戊二烯。如类固醇中的类固醇激素包括雄性激素、雌性激素和肾上腺皮质激素等，是人体中重要的代谢调节物质，能调节人体的代谢。

2.1.4　脂肪酸的定义

脂肪酸是一类长链的羧酸，是指一端含有一个羧基的长的脂肪族碳氢链，是有机物，通式是 $C_nH_{2n+1}COOH$，低级的脂肪酸是无色液体，有刺激性气味，高级的脂肪酸是蜡状固体，无可明显嗅到的气味。脂肪酸是最简单的一种脂，它是许多更复杂的脂的组成成分。

脂肪酸在有充足氧供给的情况下，可氧化分解为 CO_2 和 H_2O，释放大量能量，因此脂肪酸是机体主要能量来源之一。

2.1.5 脂肪酸的分类

脂肪酸是由碳、氢、氧三种元素组成的一类化合物，是中性脂肪、磷脂和糖脂的主要成分。脂肪酸分类方式有以下几种。

（1）根据碳链长度的不同分类　脂肪酸根据碳链长度的不同可分为短链脂肪酸，其碳链上的碳原子数小于6，也称作挥发性脂肪酸；中链脂肪酸，是指碳链上碳原子数为6～12的脂肪酸，主要成分是辛酸（C_8）和癸酸（C_{10}）；长链脂肪酸，其碳链上碳原子数大于12。一般食物所含的脂肪酸大多是长链脂肪酸。人体内主要含有长链脂肪酸组成的脂类。

（2）根据碳氢链饱和与不饱和分类　脂肪酸根据碳氢链饱和与不饱和可分为三类，即饱和脂肪酸，碳氢链上没有不饱和键；单不饱和脂肪酸，其碳氢链上有一个不饱和键；多不饱和脂肪酸，其碳氢链上有两个或两个以上不饱和键。

富含单不饱和脂肪酸和多不饱和脂肪酸组成的脂肪在室温下呈液态，大多为植物油，如花生油、玉米油、豆油、坚果油（即阿甘油）、菜籽油等。不饱和脂肪酸在橄榄油、菜籽油、花生油中含量较高，这类脂纺酸既不明显地升高血脂，也不明显地降低血脂，不会引起动脉粥样硬化。

以饱和脂肪酸为主组成的脂肪在室温下呈固态，多为动物脂肪，如牛油、羊油、猪油等。这类脂肪酸过量，能引起人体血脂升高，引发动脉粥样硬化等心脑血管病变。

但也有例外，如深海鱼油虽然是动物脂肪，但它富含多不饱和脂肪酸，如二十碳五烯酸（EPA）和二十二碳六烯酸（DHA），因而在室温下呈液态。

随着营养科学的发展，发现双键所在的位置影响脂肪酸的营养价值，因此现在又常按其双键位置进行分类。双键的位置可从脂肪酸分子结构的羧基端第一个碳原子开始编号，并以第一个双键出现的位置分别称为ω-3系列、ω-6系列、ω-9系列等不饱和脂肪酸，这种分类方法在营养学上更有实用意义。

（3）从营养角度分类　从营养角度来看，非必需脂肪酸是机体可以自行合成，不必依靠食物供应的脂肪酸，它包括饱和脂肪酸和一些单不饱和脂肪酸。而必需脂肪酸为人体健康和生命所必需，但机体自己不能合成，必须依赖食物供应，它们都是不饱和脂肪酸，均属于ω-3系列和ω-6系列多不饱和脂肪酸。过去只重视ω-6系列的亚油酸等，认为它们是必需脂肪酸。自发现ω-3系列脂肪酸以来，其生理功能及营养上的重要性越来越被人们重视。ω-3系列脂肪酸包括亚麻酸及一些多不饱和脂肪酸，它们不少存在于深海鱼的鱼油中，其生理功能及营养作用有待开发与进一步研究。必需脂肪酸不仅为营养所必需，而且与儿童生长发育和成长健康有关，更有降血脂、防治冠心病等作用，且与智力发育、记忆等生理功能有一定关系。

ω-6系列脂肪酸：以亚油酸为主，可在人体内转化为花生四烯酸，含量较多的食用油有花生油、玉米油、葵花子油、豆油、棉籽油等。

ω-3系列脂肪酸：包括α-亚麻酸、EPA、DHA（深海鱼油的主要成分），其中，α-亚麻酸是ω-3系列脂肪酸的母体，被称为生命核心物质，主要含于亚麻油、紫苏油中。ω-3系列和ω-6系列脂肪酸都是人体必需脂肪酸。

2.1.6 脂肪酸的功能

无论是植物性还是动物性油脂每克都有38kJ的热量。但是植物性油脂含分解脂肪的物质，适度摄取是有益的，但并不表示其热量较低。脂类在人体健康方面的负面角色主要归因于它的高热量密度（38kJ/g），一般人认为植物油很安全，可以多吃，这个是错误的观念，不但减肥的人必须限量摄食植物油，以免对减肥不利，要健康长寿的人更应如此，目前认为，饮食中饱和脂肪酸产生的能量应低于总能量的7%。

现在有很多研究证明，膳食脂肪对人体健康有负面影响，但一些证据表明，部分膳食脂类有助于降低人体患几种疾病的可能。这些生物活性的脂类包括ω-3系列脂肪酸、共轭亚油酸、植物固醇、类胡萝卜素、低热量油脂和反式脂肪酸。

（1）ω-3系列脂肪酸　膳食中的ω-3系列脂肪酸水平很重要，因为这些生物活性脂类在膜的流动性细胞信号传导、基因表达和苷类代谢方面起到积极作用。因此，膳食ω-3系列脂肪酸的摄入对于促进和保持人类健康来说是至关重要的，特别是孕妇、哺乳期妇女、冠心病患者、糖尿病患者、免疫系统紊乱者和精神健康欠佳者。大量证据表明，目前大多数人的ω-3系列脂肪酸摄入水平不足。许多公司试图通过直接向食品中加入ω-3系列脂肪酸或者给牲畜饲喂ω-3系列脂肪酸来提高其产品中ω-3系列脂肪酸水平。

（2）共轭亚油酸　亚油酸中的两个双键通常存在于亚甲基间隔的体系中，即双键之间隔有两个单键。然而，双键体系有时会发生双键异构反应形成共轭构象。因其具有抑制癌症、降低血胆固醇、抗糖尿病及减肥等作用而得到广泛应用。目前，共轭亚油酸发挥生理活性的分子机制归因于调节前列腺素和基因表达的能力，针对共轭亚油酸对人体健康的临床研究还很少。

（3）植物固醇　食品中主要的植物固醇包括谷固醇、菜籽固醇和豆固醇。膳食植物固醇在胃肠道不被吸收。它们的生理活性主要在于它们能抑制饮食中和胆汁中（肝细胞产生）胆固醇的吸收。每天摄入1.5 ~ 2g的植物固醇可以降低8% ~ 15%的低密度脂蛋白胆固醇。因为植物固醇主要抑制胆固醇的吸收，当它们与米饭一起摄入时效果最佳。植物固醇具有很高的熔点，在许多食品中通常以脂质晶体结构存在。为了减少结晶，植物固醇常与不饱和脂肪酸酯化生成相应的酯以提高其脂溶性。

（4）类胡萝卜素　类胡萝卜素是一类从黄色到红色的脂溶性的多烯化合物（多于600种不同化合物）。维生素A是从类胡萝卜素（如β-胡萝卜素）中得到的一种必需营养素。其他类胡萝卜素的生物活性引起了人们广泛的关注。最初，兴趣主要集中在类胡萝卜素的抗氧化性。然而，临床试验发现，缺乏β-胡萝卜素能增加吸烟者的肺癌发病率。对于非吸烟者，还不清楚是否有同样的作用。已经发现，有些其他的类胡萝卜素对人体有益。叶黄素和玉米黄素能提高人体的视觉灵敏度，保持人体健康。

流行病学研究表明，食用番茄能降低前列腺癌的发病率。番茄对人的益处主要在于类胡萝卜素中的番茄红素，烹饪后的番茄对人的健康益处更大，据推测可能是因为加热能使反式-番茄红素转变为顺式-番茄红素。顺式-番茄红素生物活性更高的原因被认为是因为其生物利用率较高。

（5）低热量油脂　膳食甘油三酯的另一个健康问题是它们的热量密度很高。很多人试图借助脂肪模拟物质，生产一种含脂低且与全脂食品具有相同感官特性的食品。脂肪模拟物质是非脂物质，如蛋白质或碳水化合物，能产生脂类的感官特性且具有较低的热值，试图用无热值或低热值的脂肪替代品充当脂质成分。商业上最早出现的无热量脂质是蔗糖脂肪酸酯。这种化合物无热量，因为6个以上的脂肪酸与蔗糖酯化，在空间位置上阻止了脂肪酶水解蔗糖酯，故不能释放出游离的脂肪酸使其进入血液。蔗糖脂肪酸酯的难消化性就意味着它们不经胃肠道吸收直接从粪便中排出。这种性质也容易引起胃肠道问题，如腹泻。食品工业已经运用了低热量密度的结构脂肪（如 Nabisco's Salatrim）。

（6）反式脂肪酸　反式脂肪酸既增加了对人体有害的低密度脂蛋白胆固醇，又减少了对人体有益的高密度脂蛋白（HDL）胆固醇，因此它们对心脏病的作用受到了密切关注。它的这种作用可能与反式脂肪酸的几何构型和饱和脂肪酸更加相似，而不是与不饱和脂肪酸有关。2006年1月1日起所有食品的反式脂肪酸浓度必须在营养标签中标明。只要食品中没有条款指出其脂肪、脂肪酸和胆固醇的含量，在脂肪含量低于0.5g的食品中不必标注反式脂肪酸。

2.1.7　脂肪酸的来源

机体内的脂肪酸大部分来源于食物，为外源性脂肪酸，在体内可通过改造加工被机体利用。同时机体还可以利用糖和蛋白质转变为脂肪酸（称为内源性脂肪酸），用于甘油三酯的生成，储存能量。合成脂肪酸的主要器官是肝脏和哺乳期乳腺，另外脂肪组织、肾脏、小肠均可以合成脂肪酸。合成脂肪酸的直接原料是乙酰辅酶A（CoA）。合成过程消耗三磷酸腺苷（ATP）和还原型辅酶Ⅱ（NADPH）。首先生成十六碳的软脂酸，经过加工生成机体内的各种脂肪酸，合成在细胞质中进行。

人们所需的脂肪酸有三类：多不饱和脂肪酸、单不饱和脂肪酸和饱和脂肪酸。我们常用的食用油通常都含人体需要的三种脂肪酸。

大多数植物油含不饱和脂肪酸较多，如大豆油、花生油、芝麻油、玉米油、阿甘油、葵花子油等，而动物油含不饱和脂肪酸较低。奶油含有的不饱和脂肪酸低，但含有维生素A、维生素D，熔点低，易于消化，小儿可以食用。脂肪中所含不饱和脂肪酸有油酸、亚油酸、亚麻酸、花生四烯酸等。

每人每天油脂摄取量只能占每天食物总热量的20%（每天的用油量控制在15～30mL），每天单不饱和脂肪酸的摄入量要占10%，多不饱和脂肪酸摄入量要占10%，而饱和脂肪酸摄入量占比要少于10%。每人每天要吃齐这三种脂肪酸，不能偏好任一油类，否则油脂摄取失衡，会发生疾病。

动物油中的牛脂、羊脂与植物油中的棕榈油的主要成分是饱和脂肪酸以及单不饱和脂肪酸，而多不饱和脂肪酸的含量很低。心脏病患者舍弃动物性饱和油后，可从植物油中摄取植物性饱和油。

人体需要的三种脂肪酸中，以单不饱和脂肪酸的需要量最大，菜籽油、花生油的单不饱和脂肪酸含量较高，因此这两种油可作为单不饱和脂肪酸的重要来源。常用油脂的脂肪酸相对含量见表2-2。

表2-2　常用油脂的脂肪酸相对含量

油脂	饱和脂肪酸/%	单不饱和脂肪/%	多不饱和脂肪酸/%
大豆油	14	25	61
花生油	14	50	36
玉米油	15	24	61
低芥酸菜籽油	6	62	32
葵花子油	12	19	69
棉籽油	28	18	54
芝麻油	15	41	44
棕榈油	51	39	10
猪脂	38	48	14
牛脂	51	42	7
羊脂	54	36	10
鸡脂	31	48	21
深海鱼油	28	23	49

葵花子油、大豆油、棉籽油等植物油和鱼油中含的脂肪大多为多不饱和脂肪酸，其他两种脂肪酸含量较少。三种脂肪酸中，多不饱和脂肪酸最不稳定，在油炸、油炒或油煎的高温下，最容易被氧化。而偏偏多不饱和脂肪酸又是人体细胞膜的重要原料之一，在细胞膜内也有机会被氧化，被氧化后，细胞膜会丧失正常功能而使人生病。故即使不吃动物油而只吃植物油，若是吃得过量，也一样会增加得结肠癌、直肠癌、前列腺癌或其他疾病的概率。

高油脂食物是人们得癌症的重要原因之一，而癌症又是人类死亡的主要原因之一。随着人们物质生活越来越富裕，脂肪摄入量也正在逐年增加，预计往后几十年里，人们得癌症的概率也将逐年增加。癌症的形成需要15 ~ 45年，过程非常缓慢，以前癌症都发生在中老年人身上，现在已有年轻化的迹象，所以我们要养成少吃油脂的习惯，让自己现在苗条，将来健康。

当然，现代人们生活条件在不断提升，脂肪酸的摄入量在无法控制的情况下，可定期食用魔芋等富含膳食纤维的食物，平衡人体营养所需，从而改善人体肠道环境，并分解和排除过量的脂肪酸，降低癌症发病率。

2.1.8 必需脂肪酸的含义

必需脂肪酸是指人体维持机体正常代谢不可缺少而自身又不能合成或合成速度慢无法满足机体需要，且必须通过食物供给的脂肪酸。必需脂肪酸不仅能够吸收水分滋润皮肤细胞，还能防止水分流失。它是机体润滑油，但人体自身不能合成，必须从食物中摄取，每日至少摄入2.2 ~ 4.4g。

2.1.9 必需脂肪酸的种类

必需脂肪酸主要包括两种，一种是ω-3系列的α-亚麻酸，另一种是ω-6系列的亚油酸。ω-6系列的亚油酸和ω-3系列的亚麻酸是人体必需的两种脂肪酸。它们都是多不饱和脂肪酸，其中以亚油酸最为重要，它在一定程度上可以替代和节约亚麻酸。

事实上，ω-6系列、ω-3系列中许多脂肪酸如花生四烯酸（AA）、二十碳五烯酸（EPA）、二十二碳六烯酸（DHA）等都是人体不可缺少的必需脂肪酸，但人体可利用亚油酸和α-亚麻酸合成这些脂肪酸。

对于饱和脂肪酸和单不饱和脂肪酸，人和动物一样，可以利用自身吸收的糖和蛋白质来制造，但人体不能制造亚油酸和α-亚麻酸。这两种脂肪酸必须从食物中摄取，而且只要有了这两种脂肪酸，人体就可以合成其他多种多不饱和脂肪酸。

对我国绝大部分居民而言，从日常饮食中摄取的脂肪酸主要是饱和脂肪酸、单不饱和脂肪酸和以亚油酸为主的ω-6系列多不饱和脂肪酸。普通食物中都含有亚油酸，一般不需要补充，摄入过多反而会产生“亚油酸过食综合征”，增加患心脑血管疾病的概率。相比之下，人们的膳食中普遍缺乏ω-3系列脂肪酸，特别是α-亚麻酸。这种饮食结构的重大缺陷是导致肥胖、高血压、高血脂、心脑血管疾病的重要因素，所以亟待加以重视。

2.1.10 必需脂肪酸的作用

必需脂肪酸属于多不饱和脂肪酸，过多地摄入可使体内的氧化物、过氧化物等增加，同样对机体可产生多种慢性危害。此外，ω-3系列多不饱和脂肪酸有抑制免疫功能的作用。摄入过少可引起生长迟缓、生殖障碍、皮肤损伤（出现皮疹等）及肾脏、肝脏、神经和视觉方面的多种疾病。

必需脂肪酸的作用主要有以下几种。

（1）参与磷脂合成 磷脂是线粒体和细胞膜的重要组成部分。必需脂肪酸缺乏会导致线粒体肿胀、细胞膜结构和功能改变，膜透性、脆性增加，导致鳞屑样皮炎、湿疹等皮肤疾病发生。

（2）与胆固醇代谢关系密切 胆固醇要与脂肪酸结合才能在体内转运并进行代谢。必需脂肪酸缺乏，胆固醇转运受阻，不能进行正常代谢，在体内沉积而引发疾病。

（3）与生殖细胞的形成及妊娠、授乳、婴儿生长发育有关 体内必需脂肪酸缺乏会导致动物精子形成数量减少，泌乳困难，婴幼儿生长缓慢，并可能出现皮肤湿疹、干燥等。这些症状可通过食用含丰富α-亚麻酸的食物而得到改善。

（4）与前列腺素的合成有关 必需脂肪酸是合成前列腺素（PG）、血栓素（TX）及白三烯（LT）等类二十烷酸的前体物质；前列腺素有多种多样的生理功能，如使血管扩张和收缩、神经刺激的传导、生殖与分娩的正常进行及水代谢平衡等，奶中的前列腺素还可以防止婴儿消化道损伤。

（5）保护皮肤免受射线损伤 损伤组织的修复、新生组织的生长都需要必需脂肪酸。可以保护皮肤免受射线损伤。

（6）维持正常的视觉功能 α-亚麻酸可在体内转化成DHA，而DHA在视网膜中含量丰富，是维持正常视觉功能的必需物质。因此，必需脂肪酸对增强视力、维护视力正常有重要作用。

植物油主要含不饱和脂肪酸，特别是必需脂肪酸亚油酸普遍存在于植物油中，亚麻酸在豆油和紫苏籽油中较多，因此，经常食用植物油基本可满足人体对必需脂肪酸的需要，不会造成必需脂肪酸的缺乏。

水产品的多不饱和脂肪酸含量最高，深海鱼（如鲱鱼、鲑鱼）油富含二十碳五烯酸（EPA）和二十二碳六烯酸（DHA），具有降低血脂和预防血栓形成的作用。

2.2 脂肪酸中的“脑黄金”（DHA）

2.2.1 “脑黄金”（DHA）的含义

DHA是英文Docosahexaenoic Acid的缩写，中文名称二十二碳六烯酸，俗称脑黄金。DHA是一种有6个双键的多不饱和脂肪酸（$C_{22}H_{32}O_2$），是一种对人体非常重要的多不饱和脂肪酸，属于ω-3不饱和脂肪酸家族中的重要成员，也是一种ω-3族必需脂肪酸（图2-4）。

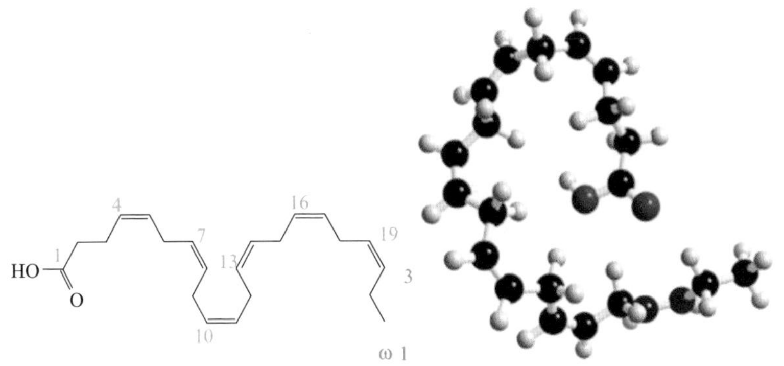

图2-4 DHA的化学结构式

DHA是神经系统细胞生长及维持的一种主要物质，是大脑和视网膜的重要构成成分，在人体大脑皮质中含量高达20%，在眼睛视网膜中约占50%，因此，对胎儿和婴儿的智力和视力发育至关重要。

自从20世纪80年代中期Bang和Dyerberg提出爱斯基摩人较低的心血管疾病死亡率可能与他们食用含高浓度的ω-3系列多不饱和脂肪酸的海生食物有关，掀起了研究DHA和EPA的热潮。英国脑营养研究所麦克·克罗夫特教授和日本著名营养学家奥由占美教授的研究结果表明，DHA是人的大脑发育、成长的重要组成物质之一。澳大利亚Flinders医学中心和英国Dundee大学的科学家们也分别在著名的英国医学杂志《柳叶刀》发表研究报告指出，DHA是婴幼儿神经细胞发育过程中重要的营养成分，与其成长过程中的反应灵敏程度有很大关系。美国马里兰大学的研究者在2003年的《美国妇产学杂志》中指出，哺乳期的妇女每日补充200mg的DHA可避免自身体内DHA水平下降，从而保证婴儿可以通过母乳吸取足量的DHA。同未补充DHA的哺乳期妇女比较，补充DHA的妈妈，她们的孩子的视觉和语言发展指数明显高于对照组。

DHA存在于海中的浮游生物（植物）中，而这些浮游生物被鱼类吃下后，DHA便转存于鱼类体内，而鱼体内DHA含量最多的部分则是眼窝的脂肪，其次为鱼油。一般在食物链中越靠近顶端的生物，DHA含量越多。自20世纪90年代以来，DHA一直是儿童营养品的一大焦点。

人体某种营养素长期摄入不足就有发生营养素缺乏的危险，但摄入量超过人体可耐受的最高摄入量，则发生毒副作用的概率就会增加。

根据各国科学家的研究结果，当前人类膳食中的必需脂肪酸ω-6系列、ω-3系列的比例是不平衡的，ω-6 ： ω-3明显高于100年前的人类膳食。美国医学研究所（IOM）推荐各类人群DHA每日适宜摄入量，分别是4 ~ 18岁每天90 ~ 160mg，成年人每天160mg，孕妇每天200mg。中国营养学会于2014年出版的《中国居民膳食营养素参考摄入量》按年龄段也给出了适合中国人的DHA每日摄入量：1岁以下婴幼儿100mg，孕妇及乳母200mg；虽然4~80岁未制定参考值，但18~80岁宏量营养素可接受范围（AMDR）为250~2000mg/d。

根据中国人的膳食结构和习惯，并综合参考国际权威机构（世界卫生组织、欧盟食品安全局等），建议DHA与EPA比例4 ： 1，可以满足各年龄段的均衡要求。不同人群DHA建议摄入量见表2-3。

《食品营养强化剂使用标准》（GB14880—2012）规定，调制乳粉和调制奶油粉（仅限儿童配方奶粉）中二十二碳六烯酸（DHA）的含量占总脂肪酸的百分比必须≤0.5%。儿童食用的大米、小麦粉及其制品（如大米、米粉、米糕等）的DHA含量为66mg/100g。亚洲儿科营养联盟主席丁宗一表示，其实，平衡膳食的情况下，绝大多数人并不需要额外补充DHA。如果摄入的DHA超过人体可耐受的最高摄入量，还会引起一些不良反应。

表2-3　DHA每天建议摄入量

人群分类	建议每天DHA摄入量
孕期及哺乳期妇女	0.20g/d；DHA ：EPA=4 ：1
婴幼儿	0.10g/d
青少年及儿童	未制定参考值
健康人	未制定参考值

2.2.2 “脑黄金”（DHA）的营养价值

DHA是人体和动物的必需脂肪酸，有着重要的生理调节功能和保健作用。作为脑黄金，DHA 具有改善大脑学习和记忆能力、促进智力发育、改善视网膜功能、防止老年痴呆等作用。它是维持大脑正常生长发育所必需的脂肪酸，特别是对胎儿及婴幼儿大脑的生长发育有促进作用，严重缺乏时，会造成脑细胞发育迟缓和智力水平低下。同时它对大脑功能的衰退有延缓作用，能对因年龄等因素造成萎缩、死亡的脑组织起到明显的修复作用。它们不仅是构成高等动物细胞的重要成分，而且对心脑血管疾病有特殊的预防和治疗效果，具有抗动脉粥样硬化、降血脂、抑制血小板的凝集、降低血压、抗炎症、调节免疫功能、抗变态反应、抗肿瘤等作用，它还可治疗某些自身免疫性疾病、变态反应性疾病和过敏性疾病。另外，它还能明显地抑制肿瘤的发生和转移。另外，DHA是胎儿及婴幼儿视觉功能良好发育所必需的脂肪酸，也是维持正常视力的重要成分，对老年人视力有很好的保护作用。

（1）促进胎儿大脑发育　婴幼儿对DHA的需要主要来自母体和母乳。妇女怀孕6 ~ 9个月，是胎儿大脑发育最重要的时刻。一般身体健康的孕妇，如果膳食平衡，所供营养素就能保证胎儿大脑正常的生长发育。在孕期，DHA 能优化胎儿大脑锥体细胞的磷脂的构成成分。尤其胎儿满5个月后，如人为地对胎儿的听觉、视觉、触觉进行刺激，会引起胎儿大脑皮质感觉中枢的神经元增长更多的树突，这就需要母体同时供给胎儿更多的DHA。专家认为，孕妇摄取DHA，使DHA通过胎盘转移给胎儿，从而使胎儿大脑正常发育，出生后智力过人。

DHA占人脑脂质的10%左右，在与学习记忆有关的大脑海马中约占25%，是大脑和神经细胞膜的重要组成部分，是维持大脑正常活动的重要脂肪酸。DHA大量存在于脑细胞中，在神经元表层高度富集，对脑神经传导和突触的生长发育有极其重要的作用。怀孕2个月至婴儿2周岁是突触（一个神经元和另一个神经元接触的部位）形成的“蓬勃”期，每个脑皮质神经元生产约15000个突触。髓鞘的形成80%需要脂质，对DHA需求量极大。

DHA是婴幼儿神经细胞发育过程中重要的营养成分，与其成长过程中的反应灵敏程度有很大关系。在大脑皮质中，DHA不仅是神经传导细胞的主要成分，也是细胞膜形成的主要成分，大部分的DHA不会被胃液消化，而是直接进入血液，被肝或脑等器官吸收。

（2）促进视网膜光感细胞的成熟　DHA是视网膜光受体中最丰富的长链多不饱和脂肪酸，是视网膜的重要构成成分，占视网膜脂肪总量的50%，为维持视紫红质的正常功能所必需，对促进视网膜组织的发育，促进视功能的发展，改善视敏锐性等具有重要作用。

研究表明，在孕期的最后3个月视网膜磷脂酰乙醇胺中的DHA逐渐增加，并证实DHA的增加与怀孕后期视网膜光感受器的迅速发育密切相关。如果食物中缺乏 DHA，可使视网膜组织中DHA含量下降，将可能导致弱视、近视或其他更为严重的视力缺陷。

孕妇在孕期可通过摄入 DHA，然后输送到胎儿大脑和视网膜，使神经细胞成熟度提高。DHA还大量存在于视网膜中，可增强视网膜的反射能力，防止和治疗视力退化。ω-3系列多不饱和脂肪酸可减轻自由基对细胞膜的损伤，保护生物膜的结构和功能。

（3）减少产后抑郁　研究显示，我国50%～75%的女性都随着孩子的出生经历一段产后抑郁，其中10%～15%的新妈妈会变得很强烈，被称为“产后抑郁症”。产后抑郁症不仅会严重威胁产妇的身体健康，而且会影响宝宝的发育，导致婴儿发生情感障碍、行为异常。足量DHA可减少产后抑郁症的发生。

（4）癌症治疗　据一篇发表于*FASEB Journal* 3月版的研究报告，瑞典科学家发现，深海鱼油中所富含的ω-3系列脂肪酸和二十二碳六烯酸（DHA）及其衍生物在机体中能够杀死神经母细胞瘤癌细胞。这项发现或许为多种癌症——如神经母细胞瘤、髓母细胞瘤、结肠癌、乳腺癌和前列腺癌等提供新的治疗方法。

在该研究中，科学家使DHA从神经系统中转移到髓母细胞瘤中，当DHA在细胞内代谢后，再对细胞中的副产物进行分析。随后科学家研究了DHA及其衍生物对癌细胞生长的影响。研究结果表明，DHA杀死了所有的癌细胞，而且由DHA衍生物产生的毒性比DHA本身更能有效地杀死癌细胞。这表明，DHA或可成为一种新的治疗神经母细胞瘤或其他癌症的新药物。*FASEB*杂志主编Gerald Weissmann称，这项研究对治疗癌症有重要意义，由于DHA在保护人体健康上的重要作用，未来可根据DHA及其衍生物研制一类新的抗癌药物。截至目前，研究发现DHA对胃癌、膀胱癌及子宫癌等都有抑制作用，能明显抑制肿瘤的产生、生长和转移速度。DHA不仅有抑制直肠癌的作用，还可降低抗肿瘤药物的耐药性。

（5）抑制发炎　DHA因可抑制发炎前驱物质的形成，所以具有消炎作用。众多的炎症都与前列腺素有关，如喘息性气管炎是由前列腺素之一的白细胞三烯（LT）引起的，而皮肤肿胀和瘙痒等炎症也是前列腺素2E和前列腺环素作用的结果。ω-3系列多不饱和脂肪酸可减少炎症动物血浆及细胞培养液中的炎性介质。与前列腺素PGI_2与凝血黄素TXA_2一样，白细胞三烯（LT）亦是ARA在脂氧化酶（LO）的催化下衍生而来的生物活性物质，它的生理作用是引起组织发炎和过敏反应，促进黏液分泌，并具有化学趋向性。组织中的DHA能强烈抑制脂氧化酶（LO），减少白细胞三烯（LT）的合成，起到预防和医治机体炎症的作用。

DHA可降低血液中甘油三脂、胆固醇及预防血栓的形成，降低血脂肪、预防心脏血管疾病。1982年丹麦生理学家Dyerberg首次报道居住在格陵兰岛的爱斯基摩人与同国的丹麦人相比，其心脑血管疾病发病率极低；冲绳岛是心脑血管疾病死亡率最低的地方，其鱼的消费量超过200g/d，由此可见，饮食结构对心脑血管疾病有直接影响。

流行病学研究表明，爱斯基摩人患喘息性气管炎、风湿性关节炎、红斑狼疮等以自身免疫异常为原因的慢性炎症性疾病的发病率明显低于当地的白种人。相关研究证实，ω-3系列多不饱和脂肪酸可降低致炎因子的活性，在防治炎症和自身免疫性疾病方面有一定作用，对治疗风湿性关节炎、哮喘、溃疡性结肠炎等也有疗效。

（6）改善老年痴呆　随着年龄的增长，人脑中的DHA就会逐渐减少，也就是说容易引起脑部功能的退化。事实上，脑细胞在2 ~ 3岁前会不断地成长，长大成人后，则会逐渐减少，根据调查，在20 ~ 30岁时，脑细胞会以十万个的比率逐渐减少，虽然如此，DHA仍具有使剩下的脑细胞活性化的力量，充分地提高老年人的记忆能力及学习。老年人之所以出现记忆力减退、思维反应迟钝等症状，主要是由于构成大脑脂质的DHA含量下降造成的，严重的甚至导致老年性痴呆症。补充DHA可以充分改善脑卒中后的老年痴呆症状。

（7）抑制流感病毒复制　日本秋田大学医学系教授今井由美子等研究团队，通过小鼠实验研究发现，鱼油富含的DHA及其相关成分，可有效抑制流感病毒的繁殖。这一研究成果对研究有效治疗重症流感药物很有意义。该研究成果已被发表在*Cell*杂志上。

新物质是DHA在体内代谢时出现的“保护素D_1”（PD_1）。现有的抗流感药物在发病48小时、症状加剧后，效果就会减弱。研究团队确认了多数脂质代谢物中拥有抑制流感病毒繁殖的物质，PD_1与以往的药物不同，具有抑制流感病毒的结构。研究小组给患了重度流感的实验鼠注射抗流感治疗药物帕拉米韦后，实验鼠在18天后的生存率只有不到40%。但是，若同时使用帕拉米韦和PD_1，实验鼠的生存率达到100%。

（8）保湿作用　DHA能够通过促进表皮的更新和提高它的不渗透性来重组皮脂屏障作用。天然来源的保湿和重建皮肤结构体系，促进糖胺聚糖（GAGs）含量增加，提高表皮水分含量，促进神经酰胺合成，加强皮肤屏障作用，减少水分流失。

（9）延长妊娠期，预防早产　孕期补充足量的DHA可以将孕妇的妊娠期延长1.6 ~ 2.6天，对于有早产风险的妇女有延长妊娠期的功效。

（10）促进PS（磷脂酰丝氨酸）的吸收　孕期可以在DHA基础上适量增补PS，不仅可以与DHA协同作用，互相促进吸收，还能有效地缓解孕期不良情绪，减轻压力，提高记忆力；同时也能降低孕产期抑郁症的发生。适量补充PS已经被国际认可，也被美国食品药品监督管理局（FDA）通过GRAS认定。

（11）抗衰老　通过触发线粒体酶作用恢复和平衡受老化影响的细胞线粒体能量，减少表面皱纹，提升紧致度和肤色。促进ATP的合成防止内部老化的同时保护皮肤避免自由基、化学物质和污染导致的外部老化。能重建皮肤结缔组织，保持皮肤弹性和紧致性，也保护和优化皮肤细胞的新陈代谢。具有皮肤重建、身体紧致、脂肪分解、舒缓肌肤、抗水肿等功效。

DHA有助于胶原蛋白的形成，其含特有的羟基基团是成纤维细胞形成胶原蛋白的重要原料之一，帮助皮肤修复和再生，所以DHA在抗皱、提拉紧肤等方面有显著功效，还可改善（特别是眼周、面部）的微循环，有效减少黑眼圈、水肿，紧实皮肤的作用。

（12）其他作用　在动物饲料中添加DHA，能够改善动物的生产性能，提高饲料转化率和动物产品品质。在蛋鸡的饲粮中添加富含DHA的添加剂，能够提高蛋鸡的生产性能，改善鸡蛋品质。在奶牛饲粮中添加DHA能改变牛奶中乳脂脂肪酸的组成和比例，提高牛奶品质。在育肥猪的饲粮中添加富含DHA的鱼油，可以提高育肥猪脂肪、肌肉中DHA的含量，可以生产DHA含量高的功能性猪肉。

2.2.3 “脑黄金”（DHA）的来源

二十二碳六烯酸（DHA）从其存在的形态上分为甘油三酯型、甲酯型、乙酯型和卵磷脂型；从来源上分为鱼油DHA、藻油DHA和蛋黄DHA。来源于鱼油、藻油的DHA为甘油三酯型或甲酯型或乙酯型，来源于蛋黄的DHA为卵磷脂型。

初乳中DHA的含量尤其丰富。不过，母亲乳汁中DHA的含量取决于三餐的食物结构。日本的母亲吃鱼较多，乳汁中DHA含量高达22%，居全球第一；其次为澳大利亚，约为10%；而美国最低，仅有7%。海参含有丰富的营养成分，其中DHA就是其中之一。在怀孕期间需要摄入DHA供给胎儿发育，因此，很多孕妈妈都食用海参进补，而海参作为一种绿色天然的海洋滋补品也不负众望。世界卫生组织（WHO）、世界粮农组织（FAO）、国际脂肪酸和类脂研究学会（ISSFAL）及美国妊娠协会一致推荐孕产妇食用富含DHA及EPA的食品，其中DHA与EPA的含量之比必须大于4 ∶ 1。

目前DHA的来源主要有以下两种途径。

（1）体内转化　靠摄取亚麻酸转化而成，但亚麻酸的转化涉及三种酶的代谢过程，转化效率比较低；DHA的体内来源是前体脂肪酸 α－亚麻酸。α－亚麻酸进入人体后，经碳链增长和去饱和酶的作用衍生为DHA。

陆地植物油中，几乎不含DHA。稀有植物油，如我国的巴马火麻和原生长在南美洲安第斯山脉的热带雨林地区的南美油藤（星油藤），从这两种植物中提取出来的植物油所含的α－亚麻酸，可在人体内转化成DHA。

（2）食物来源　DHA广泛存在于海产品中，沙丁鱼、金枪鱼、三文鱼等鱼类以及虾类、海藻中含量丰富，海洋微藻中DHA含量可达35%以上。另外，海洋哺乳动物也含有很高的DHA。目前添加于食品或直接用作营养补充剂的DHA主要来源于鱼油和微藻油。

鱼油主要是从含脂肪酸较高的海鱼中提取所得，微藻油则首先要通过生物工程的方法对微藻进行纯种培养，然后经过抽提和精炼得到。鱼油因其含有DHA，并且价格便宜，在食品工业中已广泛用作食品原料和营养添加剂，并用作婴幼儿和孕妇食品中强化DHA的来源。但是，英国Surrey大学的科学家Jacobs等在美国《环境科学技术》杂志和德国Jena大学科学家Vatter等在《欧洲食品科学技术》杂志中均指出，鱼油中所含有的持续性有机污染物及其危害多年来一直被人们所忽视。在海洋环境中，持续性有机污染物可通过食物链在不同级别的生物中进行积累。因鱼在海洋食物链中占较高的地位，其体内可积累不同种类的持续性有机污染物。由于这些污染物为脂溶性物质，在所提取的鱼油中不可避免含有一定量的有机污染物。所以专家建议，孕妇、哺乳期妇女和儿童，特别是小于5岁的儿童，应该尽量避免食用鱼油及添加有鱼油的食品。根据2002年发表在英国环境科学杂志《光化层》的研究报道，5岁以下的儿童如经常食用海鱼和鱼油，将很容易就超过世界卫生组织（WHO）所规定的最高有机污染物摄入量。

鱼油，特别是深海鱼油，是DHA的主要来源。表2-4对几种植物油和鱼油中脂肪酸的组成进行了比较。

表2-4　几种植物油和鱼油中脂肪酸的组成比较（相对含量）

脂肪酸	箭鱼	鲣鱼	步鱼	花生油	菜籽油	大豆油	棕榈油
十四碳酸/%	7.6	6.6	8.0	0	0	0	0
十六碳酸/%	18.3	15.5	28.9	13.0	0	8.0	39.3
十六碳一烯酸/%	8.3	9.5	7.9	0	0	0	0
十八碳酸/%	2.2	3.7	4.0	3-5	0	3.0	3.5
油酸/%	16.9	17.3	13.4	37.0	51.0	17.7	36.0

续表

脂肪酸	箭鱼	鲣鱼	步鱼	花生油	菜籽油	大豆油	棕榈油
亚油酸（LA）/%	1.6	2.5	1.1	29.0	23.0	52.0	8.4
亚麻酸（ALA）/%	0.6	1.3	1.3	1.6	10.0	7.4	0.3
十八碳四烯酸/%	2.8	2.8	3.4	0	0	0	0
花生一烯酸/%	9.4	8.1	3.1	0	0	0	0
花生四烯酸（ARA）/%	0.4	2.5	3.9	0	0	0	0
二十碳五烯酸（EPA）/%	8.6	9.6	7.1	0	0	0	0
芥酸/%	11.6	7.8	2.8	0	0.5	0	0
二十二碳五烯酸（DPA）/%	1.3	2.8	1.2	0	0	0	0
二十二碳六烯酸（DHA）/%	7.6	8.5	10.0	0	0	0	0
二十四碳一烯酸/%	0.9	1.6	0.8	0	0	0	0

早期研究表明，DHA在自然界通常是以甘油三酯形态存在的。DHA含量高的鱼类有金枪鱼、鲑鱼（三文鱼）、沙丁鱼、牙鲆、大菱鲆、黄花鱼、鳝鱼、带鱼、鲫鱼等，如每100g沙丁鱼肉中的DHA含量可达1000mg以上。就某一种鱼而言，DHA含量高的部位首推眼窝脂肪，其次是腹部脂肪。

以鱼油DHA为例，鱼体内含有的DHA是以甘油三酯形态存在的，但含量相对较低，通常在5% ~ 14%。人类为了获取DHA进行了长期的科学研究和实验。早期市场上的DHA是通过有机溶剂从鱼油或海藻中提取出来的，早期所采用的有机溶剂并没有改变DHA的结构，因此，早期使用有机溶剂所提取的DHA均为天然形态存在的甘油三酯型DHA，但提取效率低下。

但是从鱼油中提取的DHA胆固醇含量高，带有腥味，影响产品品质。另外从鱼油中提取不饱和脂肪酸还有累积有机污染物等诸多不利因素。如果想通过吃鱼起到健脑和维护心脑血管的作用，那么最好食用应季的鱼。人们往往喜欢食用天然鱼，因为养殖鱼的口味要逊于天然鱼。但从DHA的含量来说，养殖鱼要优于天然鱼，因为养殖鱼较肥，脂肪含量高，投喂的饲料中含有大量DHA。

吃鱼时，不同的烹调方法会影响对鱼体内不饱和脂肪酸的利用率。鱼体内的DHA不会因加热而减少或变质，也不会因冷冻、切段或剖开晾干等保存方法而发生变化。蒸鱼的时候，在加热过程中，鱼的脂肪会少量溶解于汤中。但蒸鱼时汤水较少，所以不饱和脂肪酸的损失较少，DHA含量会剩余90%以上。但是如果烤鱼的话，随着温度的升高，鱼的脂肪会熔化并流失。炖鱼的时候，鱼的脂肪也会有少量溶解，鱼汤中会出现浮油。因此，烤鱼或炖鱼中的DHA与烹饪前相比，会减少20%左右。炸鱼时的DHA的损失会更大些，只能剩下50% ~ 60%。这是由于在炸鱼的过程中，鱼中的脂肪会逐渐熔出到油中，而油的成分又逐渐渗入鱼体内。

生活上想要从鱼中更有效地摄取DHA，首先是生食，其次是蒸、炖、烤。但是没有必要觉得吃鱼非得生吃不可，或者绝对不能炸着吃。DHA和EPA在体内非常容易被吸收，摄入量的60% ~ 80%都可在肠道内被吸收，有点损失不必太在意。毕竟饮食讲究色、香、味俱全，有滋有味地吃，对健康更为有利。

在炸鱼的时候，尽量不要用玉米油及葵花子油，因为此类食用油中含有亚油酸，会妨碍DHA和EPA的吸收。

鱼类的干制品通常是将鱼剖开在太阳下晒干，虽然长时间与空气和紫外线接触，但损失的DHA和EPA可以忽略不计。鱼类罐头产品，根据其加工方法，其营养物质的损失有所不同，烤、炖的做法可保留80%的DHA。

一般约20kg深海鱼类可以提取出1kg鱼油，1kg鱼油中大概有30 ~ 120g DHA。即一瓶深海鱼油保守估计也需要20kg以上的鲭鱼、沙丁鱼、金枪鱼或者其他深海鱼类。但大西洋蓝鳍金枪鱼濒临灭绝，其他多种金枪鱼的生存状态也先后拉响了警报。

当各种海洋资源在人类巨大的消费能力下都显得捉襟见肘时，现有的鱼油越来越不能满足人们的需求。利用基因工程技术在植物中合成长链多不饱和脂肪酸可以化解深海鱼油资源的匮乏，满足人们的健康需求。而基因工程手段可以生产出高DHA的ω-3系列不饱和脂肪酸，适合不同人群的需要。

3

“脑黄金”的最主要来源

——20种高DHA含量海水鱼、淡水鱼的特征

科学研究已经证实，脑黄金（DHA）含量高的食物主要有鱼类、海产虾类、贝类、藻类等，而其他食物几乎不含DHA。以前的报道认为，海水鱼含有的DHA比淡水鱼高，然而，根据最新的研究证实，有很多种淡水鱼也含有丰富的DHA。根据最新的分析结果，按照鱼肉中DHA占脂肪酸比例的高低排序，10类海水鱼DHA占比由高到低的顺序是金枪鱼、牙鲆、大菱鲆（多宝鱼）、黄花鱼、石斑鱼、带鱼、三文鱼（大西洋鲑）、海鳗、沙丁鱼、鲐鱼；10类淡水鱼DHA占比由高到低的顺序是鲈鱼、黑鱼、鲮鱼、鲟鱼、鲫鱼、鳜鱼、鲶鱼、鳙鱼、黄颡、黄鳝。

下面按照上述排序分别描述这些鱼类的特征，以供读者辨别。

3.1　高DHA含量海水鱼的特征

3.1.1　金枪鱼的特征

金枪鱼，又叫鲔鱼、吞拿鱼，隶属硬骨鱼纲、鲈形目、金枪鱼亚目、金枪鱼科、金枪鱼属。是一群分布于中、低纬度洋区或外海的大、中型中上层鱼类，在太平洋、大西洋、印度洋都有广泛分布，我国东海、南海也有分布。金枪鱼具有很高的经济价值，由于金枪鱼肉味鲜美，蛋白质含量较高，低脂肪，营养丰富，具有红色肉质，加之常年生活于较少污染或无污染的海区，被视为绿色、安全、无污染食品，因而被国际营养学会推荐为世界三大营养鱼类之一，又有“海底黄金”的美称。

金枪鱼体形较长，粗壮而圆，向后渐细尖而尾基细长，尾柄为叉状或新月形。尾柄两侧有明显的棱脊，背鳍、臀鳍后方各有一行小鳍。具有鱼雷体形，其横断面略呈圆形。金枪鱼的形状也很奇特，整个体形呈流线型，顺着头部延伸的胸甲，仿佛是一块独特的能够调整水流的平衡板。另外，金枪鱼的尾部呈半月形，使它在大海里能够很快地向前冲刺。背侧较暗，腹侧银白，通常有彩虹般的光芒和条纹。肚皮下有发达的血管网，可以作为一种长途慢速游泳的体温调节装置。

金枪鱼多数品种体形巨大，最大的体长达3.5m，重达600 ~ 700kg，而最小的品种只有3kg。其繁殖能力很强，一条50kg的雌鱼每年可产卵500万粒之多。

日本、欧洲和美国是世界金枪鱼产品消费的主要市场。日本不仅是世界上最大的金枪鱼捕捞国，也是最大的金枪鱼消费国，约占世界金枪鱼消费总量的30%。欧洲和美国是另外两个金枪鱼的主要消费市场。我国原来以出口贸易为主，但近几年来，国内的消费市场也在不断发展，上海、广州、深圳、北京等地已形成一定的消费规模。

FAO统计年鉴中，将金枪鱼属的7种金枪鱼（黄鳍金枪鱼、长鳍金枪鱼、蓝鳍金枪鱼、大眼金枪鱼、马苏金枪鱼、大西洋金枪鱼和青甘金枪鱼）和鲣鱼共8个种类称为主要金枪鱼类。由于金枪鱼价格昂贵，我国市场上见到的种类较少，下面仅介绍黄鳍金枪鱼和鲣鱼。

3.1.1.1 黄鳍金枪鱼

黄鳍金枪鱼鱼体呈纺锤形，稍侧扁，头小，尾部长而细，肉粉红色。体背呈蓝青色，体侧呈浅灰带黄色，有点状横带，成鱼的二背鳍和臀鳍及其后面的小鳍，均呈鲜黄色。第一背鳍和腹鳍均带有黄色（图3-1）。体长1 ~ 3m，因不同海区而异，一般大的可达2m，重100kg以上。

黄鳍金枪鱼广泛分布在三大洋的赤道海域，是热带海区的代表鱼种。黄鳍金枪鱼在水深160m、水温20 ~ 28℃的海域常见，最大游泳速度为90km/h。黄鳍金枪鱼占全球金枪鱼产量的35%。大部分用来制罐头，生鲜和冷冻产品也持续增长，可用来做生鱼片。

3.1.1.2 鲣鱼

鲣鱼俗称炸弹鱼，属鲈形总目、金枪鱼亚目、金枪鱼科、鲣属。鲣鱼为海洋可钓鱼的一种，全长1m，身体为纺锤形，蓝色，粗壮，无鳞，体表光滑，尾柄非常发达。主要特征是体侧腹部有数条纵向暗色条纹，背侧具线形斑条。鲣鱼背鳍有8 ~ 9个小鳍；臀鳍条14 ~ 15根，小鳍8 ~ 9个。尾柄呈新月形，体

图3-1　黄鳍金枪鱼（陈新军 摄）

侧具4 ~ 7条纵条纹；鱼体背部蓝褐色，腹部银白，鳍呈浅灰色，头大，吻尖，尾柄细小。除胸鳍附近具有鳞片外，身体的其他部位皆裸露（图3-2）。体长40 ~ 70cm，最大可达111cm，体重最大可达34.5kg。生活在温带和热带海域，并且有季节性洄游。鲣鱼是重要的食用鱼，多用来做生鱼片和鱼松。

图3-2　鲣鱼（陈新军 摄）

3.1.2　石斑鱼的特征

石斑鱼，沿海当地居民将其俗称为黑猫鱼，是硬骨鱼纲、鲈形目、鲈亚目、鮨科、石斑鱼亚科、石斑鱼属鱼类的统称。因其身上遍布如石头一样美丽的花纹，故得名。

石斑鱼鱼体一般呈椭圆形或长椭圆形，侧扁；头长大于体高；背鳍鳍棘部强大，与鳍条部相连，背鳍鳍棘7 ~ 11根，鳍条10 ~ 21根；臀鳍鳍棘3根，一般第2根最为强大，臀鳍的鳍条7 ~ 13根；胸鳍宽大，位低，一般呈圆形；腹鳍位于胸鳍下方；口大，两颌齿内行齿倾倒；体被小栉鳞；侧线达尾柄基部；尾柄圆形、截形或凹形。其种类多，分布广。

石斑鱼喜栖息在沿岸岛屿附近的岩礁、沙砾、珊瑚礁底质的海区，一般不成群。栖息水层随水温变化而升降。春夏季分布于水深 10 ~ 30m处，盛夏季节也会在水深2 ~ 3m处出现；秋、冬季当水温下降时，则游向40 ~ 80m较深水域。适温范围为15 ~ 34℃，最适水温为 22 ~ 28℃。适盐范围广，可在盐度10‰以上的海域生存。为肉食性凶猛鱼类，以突袭方式捕食底栖甲壳类、各种小型鱼类和头足类。石斑鱼是重要的世界性海洋经济鱼类之一，在海洋生态中占有重要地位，也是重要的海水增养殖对象。

所有石斑鱼出生的时候都是雌性，成年后才会转为雄性。然而，石斑鱼要10年才成年，许多幼鱼未及成熟即被人捕获，使其成功繁殖的机会锐减，鱼的数量大幅下跌。在国际自然保护联盟的“濒危物种红色名录”上，163种石斑鱼类，有20种濒临灭绝，另有5种属濒危水平。

石斑鱼肉质细嫩，味道鲜美，适于活体运输和暂养，是名贵的海水经济鱼类，跻身高档水产品主流，享誉亚洲乃至世界，价格不菲，位列港澳四大名鱼之首，奉为上等佳肴。

石斑鱼的种类较多，全世界已记录的有100多种，我国已记录的有10属67种，从浙江到海南、北部湾直至南沙群岛的海域均有分布。全球90%以上石斑鱼产量来自亚洲，目前仅亚洲有石斑鱼类的养殖。其中青石斑鱼较为常见。

青石斑鱼俗名鲈猫，为石斑鱼属的一个种，因体色为青褐色，故称青石斑鱼或黑石斑鱼，是暖水性近海底层名贵鱼类。

青石斑鱼呈长椭圆形，稍侧扁，一般体长 15 ~ 20cm、体重350 ~ 750g。前鳃盖骨后缘有细锯齿，鳃盖骨有两个扁平棘。体被细栉鳞，侧线与背缘平行、体背棕褐色，腹侧浅褐色，全身均散布橙黄色的斑点；体侧具6条深褐色垂直条纹；有5条暗褐色横带，1带和2带紧相连、3带和4带位于背鳍鳍条部与臀鳍鳍条部之间，5带位于尾柄上，背鳍鳍条强硬，臀鳍位于背鳍鳍条部下方；腹鳍胸位；尾柄圆形。各鳍均为灰褐色，背鳍鳍条部边缘及尾的后缘黄色（图3-3）。

图3-3 青石斑鱼（张家国 摄）

青石斑鱼分布于我国东海、南海等亚热带、热带地区。其肉嫩味美、营养丰富，深受消费者青睐，市场供不应求；其经济价值很高，为名贵的经济鱼类。青石斑鱼生长快，对环境具有较强适应性，抗病力强，是我国南方石斑鱼养殖业中的主要品种。

3.1.3 大菱鲆的特征

大菱鲆俗称多宝鱼，是原产于欧洲的海产鲆鲽类，属于鲆科、菱鲆属。它具有生长速度快、耐低温、肉质好、养殖效益高和市场优势明显等优点，相继成为欧洲各国开发的优质海水养殖鱼类之一。自20世纪60年代英国开发成功以来，商业化养殖已形成规模，世界其他各国也竞相引进，我国自1992年由黄海水产研究所引进以来，在大规模苗种培育技术上取得突破，为发展规模化养殖奠定了良好的基础。

大菱鲆身体扁平呈菱形，两眼位于头部左侧，眼间隔平而宽。身体裸露无鳞，只在有眼一侧被以少量小于眼径的骨质凸起。背面青褐色，间有点状黑色素，黑色和咖啡色的花纹隐约可见，能随生活环境和底质的变化而改变体色的深浅。腹面光滑呈白色、无鳞。背鳍和臀鳍各自相连成片而无硬棘，背鳍鳍条57 ~ 71根，臀鳍鳍条43 ~ 52根，背鳍前端鳍条不分支，有鳍膜相连。体长为体高的1.3 ~ 1.5倍。牙齿细短，不锐利。左右侧线同样发达，在胸鳍上方有一弓状弯曲部。头部与尾柄均较小，全身除中轴骨外无小刺，体中部肉厚，内脏团

图3-4　大菱鲆（张家国 摄）

小，出肉率和可食部分均高于牙鲆。皮下、鳍的基部含有十分丰富的胶质，口感甘美，风味独特（图3-4）。

大菱鲆的生长速度很快。水温7℃以上正常生长，10℃以上快速生长。1龄鱼的平均年增长速度达850g，最快超过1000g。工厂化养殖条件下，5cm鱼苗养殖一年，体重可达800 ~ 1000g，第2 ~ 3年生长速度加快，年增长速度超过1kg，3 ~ 4龄鱼体重达5 ~ 6kg。

3.1.4　牙鲆的特征

牙鲆俗称牙片、偏口、比目鱼，属于鲽形目、鲽亚目、牙鲆科、牙鲆属。世界上牙鲆属鱼类共有19种，其中18种分布于美洲东西沿岸，仅有牙鲆分布在亚洲沿岸，主要分布于我国的渤海、黄海、东海和南海。

牙鲆体侧扁，呈卵圆形。头中型；口大、前位、斜裂，上颌延伸至下眼后缘，上颌下方有一凸起，两颌大约等长。上下颌齿大，呈锥形，犁骨及腭骨均无牙齿。双眼位于头部左侧，眼球隆起，上眼前方微凸。有眼一侧可见小栉鳞，具暗色或黑色斑点，体呈褐色，无眼一侧为圆鳞，呈白色。尾柄长而高。体长为体高的2.3 ~ 2.6倍，为头长的3.4 ~ 3.9倍。有眼侧的两个鼻孔大约位于眼间隔正中的前方，鼻孔后缘有一狭长瓣片；无眼一侧两鼻孔接近头部背缘，前鼻孔也

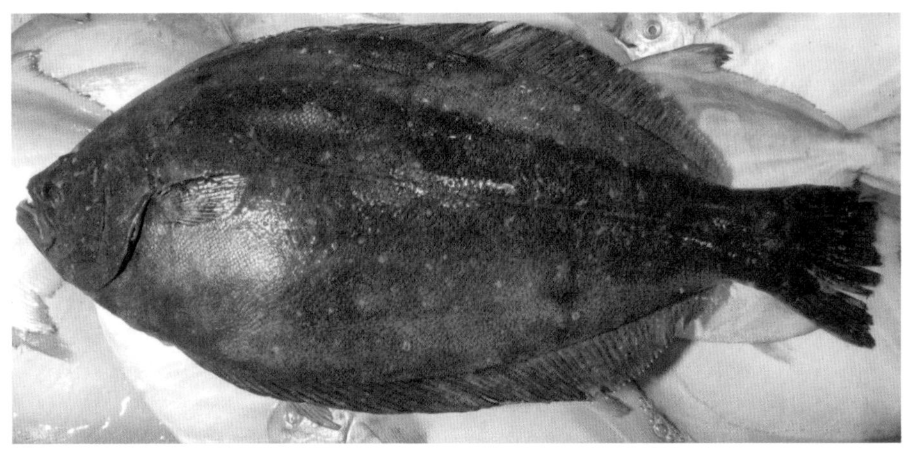

图3-5 牙鲆（张家国 摄）

有类似瓣片。背鳍约始于上眼前缘附近，左右腹鳍略对称、尾柄后缘呈双截形。奇鳍均有暗色斑纹，胸鳍有暗点或横条纹（图3-5）。

牙鲆是名贵的海产鱼类，又是我国重要的海水增养殖鱼类之一。它的个体硕大、肉质细嫩鲜美，营养价值高，清蒸或红烧味道极佳，是做生鱼片的上等材料。此外牙鲆还可以做药膳，肉具有调理脾胃、解毒、和胃等功效。因此，牙鲆深受消费者的喜爱，市场前景十分广阔。牙鲆在我国沿海均有分布，以黄海、渤海产量最高。但是近20 ~ 30年来，由于过度捕捞和环境污染，造成自然资源大幅度下降，野生牙鲆已很少见，目前，市场上销售的大多是集约化养殖产品。

3.1.5 带鱼的特征

带鱼又叫刀鱼、裙带鱼、肥带鱼、油带鱼、牙带鱼等。属于硬骨鱼纲、鲈形目、带鱼科。主要分布于西太平洋和印度洋，在我国黄海、渤海、东海、南海都有分布，和大黄鱼、小黄鱼及乌贼并称为我国四大海产。

带鱼体形侧扁如带，至尾部逐渐变细，背鳍及胸鳍浅灰色，带有很细小的斑点，尾部呈黑色，身高为头长的2倍，全长1m左右。体长一般50 ~ 70cm，大者长达120cm；头狭长，吻尖长。眼中大，位高，眼间隔平坦，中央微凸。口大，平直，口裂后缘达眼下方。带鱼下颌长于上颌，突出。牙强大，侧扁而尖，两颌前端各有2对倒钩状大犬牙，鳃孔宽大。体表光滑，银灰色，无鳞（鳞退化为银膜），但表面有一层银粉，侧线于胸鳍上方显著下弯，并沿着腹缘伸达尾端。背鳍起点在头后部，延达尾端。臀鳍完全由分离小棘组成，仅棘尖外露。胸鳍短而低。无腹鳍。尾鞭状，尾柄消失（图3-6）。

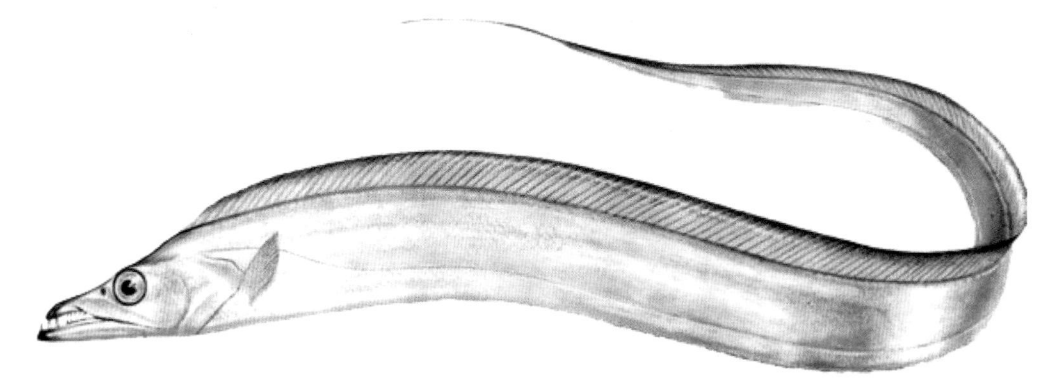

图3-6 带鱼（张家国 摄）

带鱼腹部有游离的小刺，游动时不用鳍划水，通过摆动身躯来游动。性凶猛，食性很杂而且非常贪吃，主要捕食毛虾、乌贼及其他小型鱼类，有时会同类相食。带鱼是洄游性鱼类，寿命8年左右。有昼夜垂直移动的习惯，白天成群栖息于海洋中、下水层，晚间活动于海水底层。

3.1.6 黄花鱼的特征

黄花鱼又名黄鱼，是石首鱼科、黄鱼属的统称。生于东海，鱼头内有两颗坚硬的石头，叫鱼脑石，故又名石首鱼。鱼腹中的白色鱼鳔可作鱼胶，有止血之效，能防止出血性紫癜。黄花鱼分为大黄鱼和小黄鱼，分别为我国四大海洋渔业品种之一。

3.1.6.1 大黄鱼

大黄鱼俗称黄鱼、大黄花鱼、大王鱼、大鲜、红瓜、金龙、黄金龙、桂花黄鱼、大仲、红口、石首鱼、石头鱼、黄瓜鱼等，属硬骨鱼纲、鲈形目、石首鱼科、黄鱼属。为传统“四大海产”（大黄鱼、小黄鱼、带鱼、乌贼）之一，是我国近海主要经济鱼类。

体侧扁，体长40～50cm。尾柄细长，全长约为体高的3倍。头较大，鳞较小。下颌稍凸出。侧线鳞56～58，背鳍起点至侧线间具鳞8～9枚。背鳍具9～11鳍棘，鳍条27～38（一般为31～33）。臀鳍具2鳍棘，7～10鳍条，第2鳍棘等于或稍大于眼径。体黄褐色，腹面金黄色，各鳍呈黄色或灰黄色。唇橘红色。鳔较大，前端圆形，具侧支31～33对，每一侧支最后分出的前小支和后小支等长。头颅内有2块白色耳石。椎骨26～27个，有时25个（图3-7）。

3.1.6.2 小黄鱼

小黄鱼也叫黄花鱼、小黄花，俗称小鲜、大眼、花色、小黄瓜、古鱼、黄鳞鱼、小春色、金龙、厚鳞仔、小黄花鱼等，隶属硬骨鱼纲、石首鱼科、黄鱼属。体形似大黄鱼，但头较大黄鱼长，眼较小，鳞片较大黄鱼大，尾柄短而宽，背鳍起点至侧线间具5～6行鳞，金黄色。椎骨28～30块。耳石较大。体长约20cm，最长可达40cm。体背灰褐色，腹部金黄色（图3-8）。

图3-7 大黄鱼（张家国 摄）

图3-8 小黄鱼（张家国 摄）

3.1.7 三文鱼（大西洋鲑）的特征

三文鱼是部分鲑科鱼类的俗称，原本指的是鲑属的大西洋鲑鱼，随着养殖业的发展，商家也将太平洋鲑等鱼类称为“三文鱼”。例如，虹鳟是鲑科太平洋鲑鱼属的一种冷水性池塘养殖鱼类，现在也被一些商家称之为“三文鱼”。

三文鱼也叫撒蒙鱼，或萨门鱼，是西餐中较常用的鱼类原料之一。在不同国家的消费市场，三文鱼涵盖不同的种类，挪威三文鱼主要为大西洋鲑，芬兰三文鱼主要是养殖的大规格红肉虹鳟，美国的三文鱼主要是阿拉斯加鲑鱼。大马哈鱼一般指鲑形目鲑科太平洋鲑属的鱼类，有很多种，如我国东北产大马哈鱼和驼背大马哈鱼等。三文鱼具有商业价值的品种有30多个，目前最常见的是2种鳟鱼（三文鳟、金鳟）和4种鲑鱼（大西洋鲑、太平洋鲑、北极白点鲑、银鲑）。由于种类太多，现以大西洋鲑为例介绍其主要特征。

大西洋鲑俗称三文鱼。硬骨鱼纲、鲑形目、鲑科、鲑属。原始栖息地为大西洋北部，即北美东北部、欧洲的斯堪的纳维亚半岛沿岸，大西洋鲑是一种遗传性状比较稳定、营养价值高的世界性养殖鱼类。

大西洋鲑外形呈梭形，有发育完好的牙齿。除了脂鳍外，所有的鳍都有黑边。头部无鳞，口端位，吻突出，口裂微斜，上下颌各具齿一列，上颌骨后端不达眼部。生殖季节，雄鱼吻端突出而呈钩状，上下相对如钳形。背鳍较短且居中，鳍条间具有黑色斑点，脂鳍肉质末端游离，脂鳍基部向前向下至侧线的鳞片为13枚，幼鱼尾柄为深叉形，成鱼为半月形。侧线鳞完全。体背部黑灰色或灰黄色并带有黑色斑点，体侧至腹部银白色（图3-9）。

图3-9 大西洋鲑（张家国 摄）

大西洋鲑是一种非常有名的溯河洄游鱼类，它在淡水江河上游的溪河中产卵，产后再回到海洋育肥。幼鱼在淡水中生活2 ~ 3年，然后下海，在海中生活1年或数年，直到性成熟时再回到原出生地产卵。大西洋鲑是目前世界上最主要的养殖鱼类品种之一，适合集约化养殖，也是目前人工养殖产量最高的冷水性鱼类，其特点是经济价值高、生长速度快、抗病力强。

3.1.8 鲐鱼的特征

鲐鱼又名青花鱼、油胴鱼、鲭鱼、花池鱼、花巴、花鳀、青占、花鲱、巴浪、鲐鲅鱼。鲈形目，鲭科，鲐属。是一种很常见的可食用鱼类，出没于西太平洋及大西洋海岸附近，喜群居。

鲐鱼体粗微扁，呈纺锤形，一般体长20 ~ 40cm，体重150 ~ 400g。头大、前端细尖似圆锥形，眼大位高，口大，上下颌等长，各具一行细牙，犁骨和腭骨有牙。体被细小圆鳞，体背呈青黑色或深蓝色，体两侧胸鳍水平线以上有不规则的深蓝色虫蚀纹。腹部白而略带黄色。背鳍2个，相距较远，第一背鳍鳍棘9 ~ 10根，第二背鳍和臀鳍相对，其后方上下各有5个小鳍；尾柄呈深叉形，基部两侧有两个隆起脊；胸鳍浅黑色，臀鳍浅粉红色，其他各鳍为淡黄色（图3-10）。

图3-10 鲐鱼（张家国 摄）

鲐鱼为我国重要的中上层经济鱼类之一，分布广、生长快、产量高。渔期一般春汛为4 ~ 7月份，秋汛为9 ~ 12月份。南海沿海全年都可捕捞。

3.1.9 海鳗的特征

海鳗属于硬骨鱼纲、鳗形目、海鳗科、海鳗属。体呈长圆筒形，尾部侧扁。尾长大于头和躯干长度之和。头尖长。眼椭圆形。口大，舌附于口底。上颌牙强大锐利，3行；犁骨中间具10 ~ 15个侧扁大牙。体无鳞，具侧线孔140 ~ 153个。背鳍和臀鳍与尾柄相连。体黄褐色，大型个体沿背鳍基部两侧各具1暗褐色条纹（图3-11）。

图3-11 海鳗（张家国 摄）

海鳗是凶猛肉食性经济鱼类，游泳迅速，栖息于水深50 ~ 80m的泥沙或沙泥底海区，多栖于泥洞内，在浪大水浊时常出洞觅食，傍晚和凌晨更为活跃。喜食虾、蟹、鱼类和乌贼等。

3.1.10 沙丁鱼的特征

沙丁鱼是硬骨鱼纲、鲱形目、鲱科、沙丁鱼属、小沙丁鱼属和拟沙丁鱼属及鲱科某些食用鱼类的统称。沙丁鱼属仅有沙丁鱼1种。拟沙丁鱼属共有5种，即远东拟沙丁鱼、加州拟沙丁鱼、南美拟沙丁鱼、澳洲拟沙丁鱼和南非拟沙丁鱼。小沙丁鱼属种类最多，共有20余种，分布于印度西太平洋各海区的就有16种，如长头小沙丁鱼、金色小沙丁鱼等；太平洋东部有3种，即艮带小沙丁鱼、巴拿马小沙丁鱼和大眼小沙丁鱼；大西洋西部也有3种，即金色小沙丁鱼、巴西小沙丁鱼和百慕大小沙丁鱼；大西洋东部有4种，即金色小沙丁鱼（图3-12）、马德拉小沙丁鱼、厄巴小沙丁鱼和喀麦隆小沙丁鱼。

图3-12　金色小沙丁鱼（张家国 摄）

由于沙丁鱼种类繁多，现以远东拟沙丁鱼为例介绍其特征。

远东拟沙丁鱼，又名斑点莎脑鱼，为辐鳍鱼纲、鲱形目、鲱科的一种。分布于印度太平洋、东大西洋区，包括南非、东非、朝鲜半岛、日本、中国、菲律宾、美国西岸、加拿大西岸、中美洲、南美洲西岸等海域。大群集结，一群鱼有四五万尾似乎很常见。以滤食浮游生物为生。

远东拟沙丁鱼体侧有一两列的小斑点，腹鳍起点约在背鳍基底中部下方。背鳍有软条17 ~ 20枚；臀鳍细小，软条数16 ~ 19枚。体长而稍侧扁，呈梭形，背腹两缘近平直，腹部较钝圆。头中大，侧扁，吻端稍尖。口较小，前位，稍斜裂。下颌稍长于上颌。两颌齿细小。眼中大，侧上位；眼间隔平，有棱形印迹。鳃盖骨不平滑，有数条放射状的棱纹。鳃孔宽大。体背青绿色，体侧上方稍淡，侧下方及腹部银白色。背鳍、胸鳍和尾柄呈浅灰色，臀鳍和腹鳍呈银白色。成年远东拟沙丁鱼大的体长达39cm左右（图3-13）。

图3-13 远东拟沙丁鱼（陈新军 摄）

3.2 常见高DHA含量淡水鱼的特征

3.2.1 鲈鱼的特征

鲈鱼有一个大家族，在我国它有四个成员，分别是花鲈、松江鲈鱼、大口黑鲈、河鲈。花鲈分布于近海及河口海水与淡水交汇处；松江鲈鱼，也称四鳃鲈鱼，属于降海洄游鱼类，最为著名；加州鲈，又称大口黑鲈，从美国引进的新品种；河鲈，也称赤鲈、五道黑，原产于新疆北部地区。鲈鱼肉色洁白、肉质细、营养丰富，味道鲜美、独特，宋代著名诗人范仲淹曾以“江上往来人，但爱鲈鱼美”的诗句称赞其味道和风味，松江鲈鱼与黄河鲤鱼、鳜鱼及黑龙江兴凯湖大白鱼并列为“中国四大淡水名鱼”，消费者推崇备至。目前，市场上松江鲈鱼和河鲈罕见，现分别介绍花鲈、加州鲈的特征。

3.2.1.1 花鲈

花鲈商品名为海鲈鱼，又称七星鲈、鲈鲛，地方名有寨花、鲈板、四肋鱼等。隶属鲈形目、真鲈科、花鲈属。其形态特征是：体长而侧扁，背部稍隆起，背腹面皆钝圆；头中等大，略尖。体长可达102cm，一般重1.5 ~ 2.5kg，最大个体可达15kg以上。吻尖，口大，端位，斜裂，下颌稍突出于上颌，上颌伸达眼后缘下方。两颌、犁骨及口盖骨均具细小牙齿。前鳃盖骨的后缘有细锯齿，其后角下缘有3个大刺，后鳃盖骨后端具1个刺。体被小栉鳞，侧线完全、平直。体背部青灰色，两侧及腹部银白。体侧上部及背鳍有黑色斑点，斑点随年龄的增长而减少。背鳍两个，仅在基部相连，第1背鳍为12根硬刺，第2背鳍为1根硬刺和11 ~ 13根软鳍条。臀鳍硬棘3枚；臀鳍软条7 ~ 9枚，背鳍、臀鳍鳍条及尾柄边缘为灰黑色（图3-14）。

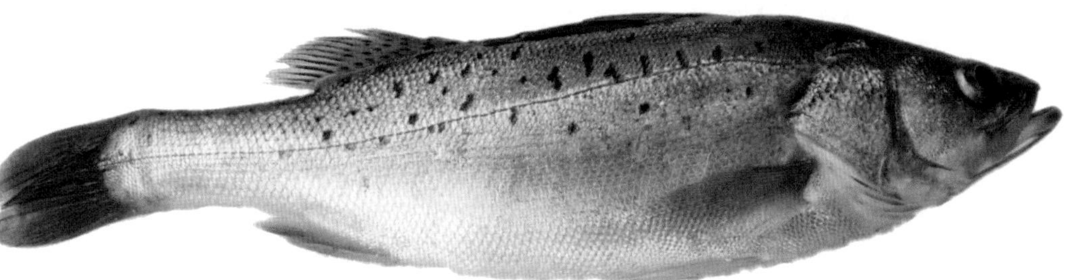

图3-14　花鲈（张家国 摄）

该鱼在我国沿海均有分布，喜栖息于河口，亦可上溯江河淡水区，国内以东海舟山群岛、黄海胶东半岛海域产量较多。该鱼性凶猛，以鱼、虾为食，是一种广温性、广盐性和肉食性鱼类，是一个拥有全国性市场需求的优质经济鱼类。

3.2.1.2　加州鲈

加州鲈别称大口黑鲈，原产于美国，是一种淡水鱼类。20世纪80年代，作为花鲈之替代品种引入我国。市场上所见到的淡水鲈鱼，多数是这个品种。体表淡黄绿色，背部黑绿色，其辨认标志是身体两侧中间各有一条黑色横纹，从头部一直延伸到尾柄。

加州鲈鱼体延长而侧扁，稍呈纺锤形，横切面为椭圆形。体高与体长比为1 ：（3.5 ~ 4.2），头长与体长比为1 ：（3.2 ~ 3.4）。头大且长。眼大，眼珠突出。吻长，口上位，口裂大而宽，为斜裂，超过眼后缘，颌能伸缩。颌骨、腭骨、犁骨都有完整的梳状齿，多而细小，大小一致。全身披灰银白色或淡黄色细小栉鳞，背部黑绿色，体侧青绿。体侧沿侧线附近常有黑色斑纹，从吻端至尾柄基部排列成带状，腹部灰白。第一背鳍为9根硬棘，第二背鳍为12 ~ 13根鳍条，

图3-15 加州鲈鱼（张家国 摄）

臀鳍为3根硬棘，10 ~ 12根鳍条，腹鳍1根硬棘，5根鳍条（图3-15）。

加州鲈自然分布于北美洲美国中部、东部至墨西哥北部的淡水流域。20世纪80年代引入我国大陆广泛养殖，部分地区在水库等半开放水域放流鱼苗，从而进入自然水体。根据钓鱼论坛中垂钓爱好者的反馈，我国大陆南至广东，北到辽宁的自然水体中，都有其野外种群存在。在自然环境中，加州鲈鱼喜欢栖息于沙质或沙泥质，混浊度低且有水生植物分布的静水环境，如湖泊、水库的浅水区、沼泽地带的小溪、河流的滞水区、池塘等，尤喜群栖于清澈的缓流水中。一般活动于中下水层，常藏身于水下岩石或植物丛中。

该鱼不耐低温，在水温1 ~ 36℃范围内均能生存，10℃以上开始摄食，最适生长温度为20 ~ 30℃。有占地习性，活动范围较小。性情较温顺，不喜跳跃，易受惊吓。幼鱼爱集群活动，成鱼分散。以肉食性为主，掠食性强，摄食量大，成鱼常单独觅食，喜捕食小鱼虾。

3.2.2 黑鱼的特征

黑鱼学名乌鳢，俗名才鱼、湖南生鱼、蛇头鱼等。鲈形总目、鲈形目、攀鲈亚目、鳢科、鳢属，是我国广泛分布的肉食性凶猛鱼类。黑鱼营养丰富，肉质细嫩，肉味鲜美，骨刺少，生长快，个体大，是一种经济价值很高的淡水鱼类。再加上它具有滋补、收肌、活血、去瘀等药理作用，因此成为人们秋冬进补的珍品，黑鱼因而也成为畅销产品。

黑鱼鱼体前部呈圆桶状，后部侧扁；头尖且扁平如蛇头（故有蛇头鱼之称），其上覆盖鳞片，头侧有黑条纹；口大，端位，口裂倾斜，下颌向前突出，上下颌有密封的锐齿；眼位于口的前上方，极上位。全身覆盖中等大小的鳞片，侧线完全；胸鳍、腹鳍各1对，尾柄呈圆形；全身呈灰黑色，体两侧具有许多不规则的黑色斑条，头侧有两条纵向黑色条纹；鳃耙短而呈瘤状；有鳃上器可行呼吸作用，是副呼吸器官，可直接从空气中获得氧气（图3-16）。

图3-16　黑鱼（谢骏 摄）

黑鱼是底栖性鱼类，喜欢栖息在水混浊、水草丛生的水域或水流缓慢地带，它多隐蔽在水草下面或静止的草丛中。黑鱼对温度等环境条件的要求不严格，在水质污浊的水域中也可生长。

黑鱼为凶猛的肉食性鱼类。在猎捕食物时，不去追赶，而是隐蔽于草丛中或其他隐蔽物附近，密切注视周围动静，待小鱼小虾游至其附近时，突然袭击。人工饲养条件下，黑鱼也可摄食人工配合饲料。

黑鱼的生长速度相当快。在自然环境里，1冬龄的个体可达25cm左右，2冬龄的个体可达35cm，3冬龄的个体则可达2 ~ 2.5kg。

3.2.3　鲮鱼的特征

鲮鱼俗名土鲮、雪鲮、鲮公、花鲮，为辐鳍鱼纲、鲤形目、鲤科、野鲮亚科、鲮属。体长而侧扁，腹部圆，吻短而圆钝，向前突出。侧线鳞 35 ~ 37。鳃耙外侧 76 ~ 82。口下位、较小、呈弧形，上下颌角质化。须 2 对，颌须短小，吻须明显。上唇边缘呈细波形，唇边沟中断。体侧在胸鳍基部之后上方有 8 ~ 9 个鳞片的基部有黑色斑块。肠长为体长的14倍（图3-17）。

图3-17　鲮鱼（谢骏 摄）

鲮鱼栖息于江河等水域中下层，喜流水，偶尔进入静水水体。属温水性鱼类，对低温的耐力很差，水温低于7℃以下即不能生存，冬季在河床深处越冬。以硅藻、绿藻等为主食，并常摄食泥沙中的有机质和高等植物碎屑，还常吞入污泥，有清洁鱼池的作用。鲮鱼具有生长快、不争食、抗菌力强、疾病少、产量高、肉味鲜美等特点，常见体重0.5kg，最大个体可达4kg，是我国南方各省重要的经济养殖鱼类。

鲮鱼肉细嫩、味鲜美、产量大、价格适中、质量上乘，是市场畅销货。广东省大部分集中起水的养殖鲮鱼都是活鱼速冻，冻结的鱼眼球仍凸出明亮，宛如活鱼一般。家庭食用除一般食法外，还可做鱼丸，工厂生产的豆豉鲮鱼罐头和冻鲮鱼一样，行销全国各地。鲮鱼也可入药，具有健筋骨、活血行气、逐水祛湿之功效。

我国目前养殖的鲮鱼品种有4种，即广东土鲮、华鲮、露斯塔野鲮（简称野鲮）和麦瑞加拿鲮（简称麦鲮），其中，野鲮和麦鲮是东南亚诸国主要养殖鱼类之一，早已引进我国并大面积养殖。

3.2.4 鲟鱼的特征

鲟鱼是古老的软骨鱼类，起源于白垩纪时期，迄今已有2亿年的历史，素有“水中活化石”之称。其肉质细腻、味道鲜美、营养价值高，尤其是鲟鱼子酱富含优质蛋白质、氨基酸和微量元素，被誉为“黑色黄金”，与鹅肝、松露并称为“世界三大美食”。

鲟鱼是鲟形目鱼类的统称，属于硬骨鱼纲、辐鳍亚纲、硬鳞总目、鲟形目。该鱼是在江河中产卵繁殖的大型鱼类，是鱼类中最原始的类群之一。全球现存2科6 属27种，全部处于不同程度的濒危状态，并处在世界自然保护联盟和濒危动植物国际贸易公约保护和管理之下。我国境内野生的鲟鱼有8种，有分布于黑龙江、松花江、乌苏里江流域的史氏鲟、达氏鳇和库页岛鲟；分布于长江、金沙江流域的中华鲟、达氏鲟和白鲟；分布于新疆伊宁等地水域中的裸腹鲟；分布于新疆额尔齐斯河、布伦托海、博斯腾湖的西伯利亚鲟。其中，中华鲟、达氏鲟、白鲟属国家一级保护动物。

我国已经成为世界第一鲟鱼养殖大国，据2017年《中国渔业统计年鉴》记载，2016年全国鲟鱼产量为89773吨。我国目前养殖的鲟鱼涉及2科3属，养殖种类既有我国本土的，也有从俄罗斯等国引进的，主要品种有史氏鲟、西伯利亚鲟、俄罗斯鲟及它们的杂交种等。我国养殖最多的杂交鲟品种是大杂交（达乌尔鳇♀ × 史氏鲟♂）、小杂交（史氏鲟♀ × 达乌尔鳇♂）、西杂（西伯利亚鲟 × 史氏鲟的正反交）。目前，市面上冒充中华鲟进行销售的大部分是杂交鲟等（图3-18），为了便于识别，现分别介绍以下3种鲟鱼。

图3-18　杂交鲟（张家国 摄）

3.2.4.1 史氏鲟

史氏鲟体呈长纺锤形，腹扁平，体被5行骨板，背部1行，体侧和腹侧各2行，骨板的行间常有微小骨颗粒，幼鱼体上骨板有向后的棘状突起。口位于头的腹面，呈管状伸缩，唇有皱褶，形似花瓣，鳃膜不联结，口的前方有须2对，横生并列在一条直线上。吻的形状有很大变异，有的呈锐三角形，有的像矛头，吻的腹面、须的前方有若干疣状突起，由此得“七粒浮鱼”的地方名。尾为歪尾，上叶发达，尾柄的背面分布棘状硬鳞——棘鳞。背部为黑褐色或灰棕色，人工养殖的个体大多呈黑色，腹部银白色。史氏鲟与西伯利亚鲟体形相似，区别在于史氏鲟的鳃耙不是扇形的，而西伯利亚鲟的鳃耙呈扇形，其幼体及全长在160cm、体重25kg以下的个体均存在腹骨板。成体除极个别外，多不存在腹骨板。头长为全长的17.3% ~ 26.8%，尾柄长为全长的3.1% ~ 8.9%，吻长为头长的32.5% ~ 52.2%。

史氏鲟体长可达290cm，最重可达160kg。人工饲养的史氏鲟6个月最大个体重达782g，平均重507g。11月龄的史氏鲟幼体最大个体重1053g，均重606g，最长达69.9cm，均长56.7cm。

史氏鲟自然分布于我国和俄罗斯，是我国现存鲟鱼中最具经济价值的优质珍稀鱼类，在黑龙江、乌苏里江、松花江等地均有分布。

3.2.4.2 西伯利亚鲟

西伯利亚鲟为广温性底栖鱼类，可耐严寒。有半洄游性、河居型和湖河型3种生态类群。生长相对较慢，一般10 ~ 12龄性成熟。最大个体重可达200kg，体长达3m。食性较广，主要摄食底栖动物。

西伯利亚鲟体形呈圆锥形，外被5行骨板，其中背板1行，骨板11 ~ 19枚；侧板2行，左右各1行，每行30 ~ 47枚骨板；腹板2行，左右各1行，每行4 ~ 11枚骨板，吻背具骨板。头呈三角形，略扁平，侧面呈楔形。口下位，口裂小，不达头侧，呈花瓣状。下唇中央中断。口前有吻须4根，须圆柱形，呈“一”字形排开并与口平行。口能伸出呈管状，伸出的口管长度因个体大小而异。鳃盖腹面不相连。鳃耙31 ~ 48。体侧无鳞。背鳍位于体后部，接近尾柄。尾为歪尾，尾柄上叶大于下叶，上叶尖长向后斜伸。背部体色呈棕灰色或褐色，其体色与水色有关，有时为灰黑色，腹部白色，偶鳍与臀鳍呈浅灰色。骨骼大部分是软骨。

西伯利亚鲟个体小，性成熟个体一般全长90 ~ 130cm，最长达2m，体重一般为20 ~ 25kg，最重200kg。体全长为头长的3.7 ~ 6.1倍，为体高的6.0 ~ 11.1倍。

3.2.4.3 俄罗斯鲟

俄罗斯鲟体形呈纺锤形，体高为全长的12% ~ 14%。头长为全长的17% ~ 19%，吻长为全长的4% ~ 6.5%，吻短而钝，略呈圆形。4根触须位于吻端与口之间，更近吻端。须上无伞形纤毛。口小、横裂、较突出，下唇中央断开。其口宽平均为头长的30.8%。鳃耙非扇形，鳃耙数15 ~ 31。体被5行骨板，在骨板行之间体表分布许多小骨板（常称小星）。背骨板8 ~ 18枚，侧骨板24 ~ 50枚，腹骨板6 ~ 13枚。背鳍不分支，鳍条27 ~ 51；臀鳍不分支，鳍条18 ~ 33。体色背部呈灰黑色、浅绿色或墨绿色，体侧通常呈灰褐色，腹部呈灰色或少量柠檬黄色。幼鱼背部呈蓝色，腹部呈白色。

俄罗斯鲟产于前苏联，主要栖息在里海和亚速海——黑海水系内。属洄游性鱼类，洄游到伏尔加河产卵，1993后引入我国并进行集约化养殖。

3.2.5 鲫鱼的特征

鲫鱼属硬骨鱼纲、鲤形目、鲤科、鲫属。简称鲫，俗名鲫瓜子、月鲫仔、土鲫、细头、鲋鱼、寒鲋。头像小鲤鱼，体黑胖（也有少数呈白色），背部为深灰色，腹部为浅白色，肚腹中大而脊隆起。大的体重可达500 ~ 1000g。体长15 ~ 20cm。体高而侧扁，前半部弧形，背部轮廓隆起，尾柄宽；腹部圆形，无肉棱。头短小，吻钝，无须。鳃耙长，鳃丝细长。下咽齿1行，扁片形。鳞片大。侧线微弯。背鳍长，外缘较平直。鳃耙细长，呈针状，排列紧密，鳃耙数100 ~ 200。背鳍、臀鳍第3根硬刺较强，后缘有锯齿。胸鳍末端可达腹鳍起点。尾柄呈深叉形，体背呈银灰色而略带黄色光泽，腹部呈银白色而略带黄色，各鳍为灰白色。根据生长水域不同，体色深浅有差异（图3-19）。

鲫鱼是生活在淡水中的杂食性鱼，体态丰腴，在水中穿梭游动的姿态优美。

图3-19 鲫鱼（张家国 摄）

鲫鱼的生活层次属底层鱼类。一般情况下，都在水下层游动、觅食、栖息。但气温、水温较高时，也要到水的中下层、中上层游动和觅食。成鱼主要以植物性饲料为主。由于植物性饲料在水体中蕴藏丰富，品种繁多，供采食的面广。维管束水草的茎、叶、芽和果实是鲫鱼爱食之物，在生有菱和藕的高等水生植物的水域，鲫鱼最能获得各种丰富的营养物质。硅藻和丝状藻类也是鲫鱼的食物，小虾、蚯蚓、幼螺、昆虫等它们也很爱吃。

鲫鱼适应性非常强，分布于我国除青藏高原外的江河、湖泊、池塘等水体中，并被引进世界各地的淡水水域中。

鲫鱼的养殖历史非常久远，对其繁殖技术的研究较为深入，因此，其品种很多，主要养殖品种有高背鲫、方正银鲫、彭泽鲫、淇河双背鲫、丰产鲫、异育银鲫、湘云鲫等，其形态特征基本相同。

3.2.6 鳜鱼的特征

鳜鱼又称菊花鱼、鳜花鱼、桂花鱼、鳌鱼、脊花鱼、胖鳜、花鲫鱼等。其肉质细嫩、坚实、少刺，味道鲜美、营养丰富，是一种深受消费者欢迎的珍贵淡水鱼类。鳜鱼在我国分布极为广泛，种类也很多，常见的种类有翘嘴鳜和大眼鳜两种，在江、河、湖泊中以翘嘴鳜为最多。

鳜鱼体侧扁，背部隆起；口大，下颌向前突出，明显长于上颌；上下颌、犁骨、口盖骨上都有大小不等的小齿；头部具鳞，鳞细小；背鳍长，分

图3-20 鳜鱼（张家国 摄）

为两部分；体色黄绿，腹部灰白，体侧有不规则的暗棕色斑点和斑块；自吻端穿过眼眶至背鳍前下方有1条狭长的黑色带纹；奇鳍上均有暗棕色斑点（图3-20）。

鳜鱼喜栖息在静水或水流缓慢的水域中，尤其是水草繁茂处数量较多。鳜鱼冬季活动量不大，爱在深水处越冬，待春季水温回升，喜在沿岸浅水处觅食。鳜鱼是典型的食肉性凶猛鱼类，以小鱼、小虾为食，体长31cm的鳜鱼能吞食体长15cm的鱼类，鳜鱼苗在卵黄囊消失时，就能主动摄取其他小型鱼苗；6 ~ 7月是鳜鱼吃食旺季。鳜鱼的生长速度较快，在食饵充足的前提下，1冬龄鱼体可达300 ~ 800g；池塘养2冬龄后，平均体重可达900g；4冬龄后生长速度减慢。

3.2.7 鲶鱼的特征

鲶鱼同鲇鱼。常见有鲶鱼（土鲶）、大口鲶、胡子鲶（塘虱）、革胡子鲶（埃及胡子鲶），客家俗称塘滑鱼。

3.2.7.1 鲶鱼

鲶鱼隶属鲶形目、鲶科、鲶属。嘴上共4根胡须，上长下短，肉食性，多为野生，对水质要求不高，可人工养殖。前部平扁，后部侧扁，头扁平，头宽大于头高，吻宽且纵扁，圆钝。口亚上位，宽大，口裂呈弧形，伸达眼前缘下端，下颌稍突出于上颌，上下颌具绒毛状细齿，形成弧形宽齿带；眼小，侧上位，眼间隔较宽且平，前后鼻孔相隔较远，前鼻孔呈短管状，近吻端，后鼻孔圆形，位于眼前上方；须两对（4根），上颌须长，后伸超过胸鳍起点，可至鳍条末端；下颌须较短，后端超过眼后缘，鳃盖膜不与鳃颊相连，无脂鳍，尾柄微内凹，上叶、下叶等长。

鱼体全身裸露，无鳞，皮肤富含黏液，侧线完全且平直，背鳍短小，约位于体前1/3处，腹鳍起点垂直上方之前，无硬刺，其起点距吻端较距尾部、鳍基部近，胸鳍圆扇形，较小，侧下位，骨质硬刺后缘有锯齿，后伸超过背鳍基后端，但不及腹鳍，腹鳍小，起点位于背鳍基后端垂直下方之后，末端超过臀鳍起点，臀鳍基部很长，后端与尾柄相连，肛门距臀鳍起点较腹鳍基后端近。体背面及侧面一般为褐灰色或灰黑色，腹面为灰白色，背鳍、臀鳍、尾柄呈灰黑色，胸鳍、腹鳍色浅，体侧有不规则斑纹（图3-21）。

图3-21 鲶鱼（张家国 摄）

3.2.7.2 南方大口鲶

南方大口鲶俗称河鲶，鲶形目、鲶科、鲶属，主要分布在广东、广西、四川、湖南及湖北等。

南方大口鲶头略扁平，无鳞片，皮肤黏液丰富，口上位宽阔，口裂达到或超过眼球中部的下方，上下颌及犁骨有许多绒状的细齿，须2对（幼鱼3对），上颌须达到胸鳍基部，胸鳍刺前缘具有2 ~ 3排颗粒状突起，背鳍短小无刺，臀鳍前后分别同胸鳍和尾柄相连，尾鳍不对称，上叶比下叶长（图3-22）。大口鲶外貌与鲶鱼相似，也是4根须，但口奇大，个体也较鲶鱼大很多。可人工养殖，生长速度快，当年繁殖的鱼苗当年即可长到500 ~ 750g，第二年可长到1.5 ~ 2kg，第三年可长到3 ~ 4kg。大口鲶肉质丰厚，肉味较土鲶稍差，但价格便宜，个体大，是一种经济价值高的淡水鱼。

图3-22 南方大口鲶（谢骏 摄）

南方大口鲶多栖息于江河缓流区，性凶猛，幼时喜群集，白天多隐居水底或潜伏于洞穴中，多在晚上猎食鱼虾及其他水生动物。

3.2.7.3 革胡子鲶

革胡子鲶又名埃及胡子鲶、埃及塘虱，由埃及引进。属鲶形目、胡子鲶科、胡子鲶属、革胡子鲶种。8根胡须，通体发黑，个体巨大。多为人工养殖，生长速度很快，饲养一年可重达2kg，最大个体达10kg以上。对生存水质要求很低，耐低氧。肉质不太好，市场价格便宜。但其易养殖，生长速度快，也有不少人养殖。

头部扁平，颅顶中部微凹，体延长，后部侧扁，无鳞，多黏液，侧线完整。背部呈灰黑色，具有云状斑块，胸腹部银白。口宽，横裂，稍下位，周围有4对口角须。上下颌和犁骨上密生细齿。胸鳍和尾鳍钝圆，背鳍、臀鳍特别长，止于尾柄基部。

3.2.8 鳙鱼的特征

鳙鱼又叫花鲢、胖头鱼、包头鱼、大头鱼、黑鲢、麻鲢等。硬骨鱼纲、鲤形目、鲤科、鲢亚科。外形似鲢鱼，体形侧扁，头部较大而且宽，口也很宽大，且稍微上翘；眼位比较低；侧线鳞为91 ~ 124个，臀鳍分支鳍条为11 ~ 14根（图3-23）。

图3-23 鳙鱼（张家国 摄）

鳙鱼是半洄游性鱼类，生长在淡水湖泊、河流、水库、池塘里，多分布在水域的中上层，也是大水面水体中的主要养殖对象，是我国特有的淡水鱼类，是我国“四大家鱼”之一。鳙鱼属于滤食性鱼类，主要以轮虫、枝角类、桡足类等浮游动物为食，有“水中清道夫”的雅称。

鳙鱼生活于河流、湖泊中，冬季多在河床和较深的岩坑中越冬。分布于长江流域下游地区。通常会将鲢鱼和鳙鱼混为一谈，这不仅因为两者很相似，而且鳙鱼又称黑鲢、花鲢。对此，李时珍在《本草纲目》中说得极妙：“鳙鱼，状似鲢而色黑，其头最大，味亚于鲢。鲢之美在腹，鳙之美在头，或以鲢、鳙以为一物，误矣。首之大小，色之黑白，不大相侔。”

3.2.9 黄颡的特征

黄颡别名黄腊丁、嘎鱼等。在分类上黄颡属于鲶形目、鮠科、黄颡鱼属的一种鱼类。黄颡虽然个体较小，但营养价值较高，很受人们喜欢。分布于长江、黄河、珠江及黑龙江、辽宁等流域。

黄颡体长123 ~ 143mm，腹面平，体后半部稍侧扁，头大且扁平。吻圆钝，口裂大，下位，上颌稍长于下颌，上下颌均具绒毛状细齿。眼小，侧位，眼间隔稍隆起。须4对，鼻须长达眼后缘，上颌须最长，伸达胸鳍基部之后。颌须2对，外侧一对较内侧一对为长。体背部黑褐色，体侧黄色，并有3块断续的黑色条纹，腹部淡黄色，各鳍呈灰黑色。背鳍条6 ~ 7，臀鳍条19 ~ 23，鳃耙外侧14 ~ 16，脊椎骨36 ~ 38。背鳍部分支鳍条为硬刺，后缘有锯齿，背鳍起点至吻端小于至尾柄基部的距离。胸鳍硬刺较发达，且前后缘均有锯齿，前缘具30 ~ 45枚细锯齿，后缘具7 ~ 17枚粗锯齿。胸鳍较短，这也是和鲶鱼不同的一个地方。胸鳍略呈扇形，末端近腹鳍。脂鳍较臀鳍短，末端游离，起点约与臀鳍相对。进食较凶猛。雌雄鱼的颜色有很大差异，深黄色的黄颡头上刺有微毒（图3-24）。

图3-24　黄颡（张家国 摄）

黄颡是肉食性为主的杂食性鱼类。觅食活动一般在夜间进行，食物包括小鱼、虾、各种陆生昆虫和水生昆虫（特别是摇蚊幼虫）、小型软体动物和其他水生无脊椎动物。有时也捕食小型鱼类。

黄颡的种类较多，有岔尾黄颡鱼、江黄颡鱼、光泽黄颡鱼、瓦氏黄颡鱼、盎塘黄颡鱼、中间黄颡鱼、细黄颡鱼等，其营养价值和形态特征差别不大。

3.2.10　黄鳝的特征

黄鳝俗称鳝鱼，属于硬骨鱼纲、合鳃目、合鳃科、黄鳝属。为温热带淡水底栖生活鱼类，在我国仅产1种，是我国主要名优淡水水产品之一。

黄鳝体细长圆柱状，形状似蛇或鳗。体长20 ~ 70cm，最长可达1m。体裸露润滑无鳞片，富黏液；无胸鳍和腹鳍，背鳍和臀鳍退化仅留皮褶，无软刺，都与尾鳍相联合。头部膨大长而圆，颊部隆起。口大，端位，吻短而扁平；口开于吻端，斜裂；上颌稍突出，唇颇发达。上下颌及口盖骨上都有细齿。眼甚小，隐于皮下，为一薄皮所覆盖。鳃裂在腹侧，左右鳃孔于腹面合而为一，呈倒“V”字形。鳃膜连于鳃颊。鳃退化由口咽腔及肠代行呼吸。无鱼鳔的构造，而是由腹部的一个鳃孔，口腔内壁表皮与肠道来掌管呼吸，能直接自空气中呼吸。生活时体呈黄褐色，侧线完全，沿体侧中央直走。体背为黄褐色，腹部颜色较淡，全身具不规则黑色斑点纹，体色常随栖居的环境而不同（图3-25）。

图3-25　黄鳝（张家国 摄）

黄鳝肉质细嫩、营养丰富，具有较高的食用价值和药用价值，是中老年人的滋补佳品。广泛分布于亚洲东部及附近大小岛屿，西起东南亚，东至菲律宾群岛，北起日本，南至东印度群岛。常生活在稻田、河流、池塘、湖泊的泥质底层或洞穴之中，在我国各地均有分布，以长江、黄河、辽河流域产量较多，以6 ~ 8月所产的最肥。

鱼肉的营养价值与评价

——20种常见高DHA含量海水鱼、淡水鱼的营养价值比较

4.1 10种常见高DHA含量海水鱼的营养价值

4.1.1 金枪鱼的营养价值

金枪鱼常生长于世界的暖水海域，是热带大洋性鱼类。它的种类繁多，大部分种类鱼体都很大，同时，金枪鱼的游泳速度极快，时速在60 ~ 80km，最高可达160km。当然，金枪鱼最重要的莫过于它的食用价值，是一种重要的商品食用鱼类，在当今饮食生活中越来越受到人们的喜爱。下面以黄鳍金枪鱼为例介绍金枪鱼类的营养价值。

4.1.1.1 黄鳍金枪鱼肌肉中常规成分含量及营养评价

黄鳍金枪鱼肉中含有丰富的蛋白质，其含量高达25.53g/100g鲜肉，居于10种海水鱼之首，高于凡纳对虾和猪瘦肉，分别是凡纳对虾和猪瘦肉的1.36倍和1.26倍，远高于鸡蛋，为鸡蛋的近2倍。脂肪含量仅为1.07g/100g鲜肉，与凡纳对虾持平，远低于鸡蛋和猪瘦肉，仅为猪瘦肉脂肪含量的17.26%和鸡蛋的9.64%。每100g鱼肉的热量仅为471kJ，比凡纳对虾稍高，而远远低于猪瘦肉和鸡蛋，分别为猪瘦肉和鸡蛋的77.72%和69.78%。由此可见，黄鳍金枪鱼肉是一种高蛋白质、低脂肪、低热量的优质食物（表4-1）。

4.1.1.2 黄鳍金枪鱼肌肉中必需氨基酸含量及营养评价

食物蛋白质营养价值的高低，主要取决于所含必需氨基酸（EAA）的种类、数量及组成比例。EAA指的是人体自身不能合成或合成速度不能满足人体需要，必须从食物中摄取的氨基酸。黄鳍金枪鱼肌肉蛋白质中含有8种人体必需的氨基酸（EAA），而且8种EAA的含量都高于鸡蛋和对虾，其中，有7种EAA的含量超过猪瘦肉，尤其重要的是，黄鳍金枪鱼肌肉中赖氨酸含量高达2.11g/100g鲜肉，蛋氨酸+胱氨酸含量高达2.07g/100g鲜肉，高居10种海水鱼之首，也远高于鸡蛋和猪瘦肉，这对我国以植物性食物为主的饮食具有很好的补充作用。另外，其EAA总量达13.18g/100g鲜肉，是鸡蛋的2.3倍，比凡纳对虾和猪瘦肉都高得多（表4-2）。

氨基酸的化学评分是鱼类肌肉中氨基酸含量与鸡蛋蛋白质中同种氨基酸含量之比值，化学评分（CS）的大小体现了EAA质量的高低。在黄鳍金枪鱼的8种EAA中，苏氨酸、亮氨酸、异亮氨酸3种氨基酸的CS接近1，而苯丙氨酸+酪氨酸、赖氨酸、蛋氨酸+胱氨酸均大于1；第一限制性氨基酸——缬氨酸的CS也达到了0.83，这说明黄鳍金枪鱼肌肉的必需氨基酸非常平衡，极易被人体消化吸收和利用（表4-3）。

4.1.1.3　黄鳍金枪鱼肌肉中多不饱和脂肪酸含量及营养评价

黄鳍金枪鱼肉脂肪中多不饱和脂肪酸（PUFA）占脂肪总量的比例高达48.89%，居于10种海水鱼类之首，高于凡纳对虾，远高于鸡蛋和猪瘦肉，分别是鸡蛋和猪瘦肉的3.28倍和4.29倍。其中，二十碳五烯酸（EPA）占比4.11%，高于青石斑鱼、海鳗和带鱼，低于凡纳对虾。二十二碳六烯酸（DHA）高达39.17%，高居10种海水鱼之首，实为“鱼中之冠”，远高于凡纳对虾，为凡纳对虾的19.8倍。陆生动物和鸡蛋的脂肪中均不含EPA 和 DHA，而这两种ω-3系列多不饱和脂肪酸被证实都具有非常重要的生理功能（表4-4）。

4.1.1.4　黄鳍金枪鱼肌肉中无机盐含量及营养评价

黄鳍金枪鱼肉中含有钠、钾、钙、镁、磷5种常量元素，以及铁、锌、铜、锰、硒5种微量元素，这些元素都是人体生长和发育必需的矿物质盐类。其中，磷的含量稍高于凡纳对虾，而远高于猪瘦肉和鸡蛋；铜含量高达8.20mg/100g鲜肉，居于10种海水鱼之首，也比凡纳对虾、猪瘦肉及鸡蛋都高出很多，分别是凡纳对虾、猪瘦肉及鸡蛋的24.12倍、74.55倍和54.67倍；锰含量达0.50mg/100g鲜肉，也高居10种海水鱼之首，远高于凡纳对虾、猪瘦肉和鸡蛋，分别是凡纳对虾、猪瘦肉和鸡蛋的4.17倍、16.67倍和12.5倍。微量元素锰在抗衰老以及养颜，保持骨骼和结缔组织的发育，促进中枢神经系统的正常运动，缓解疲劳、抑制神经过敏及延缓老年痴呆等方面发挥重要作用（表4-5）。

4.1.1.5 黄鳍金枪鱼肌肉中维生素含量及营养评价

黄鳍金枪鱼的肌肉含有大量的脂溶性维生素A、维生素D、维生素E及水溶性维生素B_1、维生素B_2、维生素B_6、维生素B_{12}、烟酸、叶酸和泛酸。维生素D、维生素B_6、维生素B_{12}、叶酸和泛酸是猪瘦肉、鸡蛋和对虾肌肉中未检测到的。维生素A含量达48.40μg/100g鲜肉，居于10种海水鱼的第2位，低于鸡蛋和海鳗，高于其他8种海水鱼及猪瘦肉和凡纳对虾；维生素B_{12}含量为5.80μg /100g鲜肉，低于远东拟沙丁鱼和大西洋鲑，远高于其他7种海水鱼；烟酸含量为5.46mg/100g鲜肉，低于远东拟沙丁鱼，稍低于褐牙鲆和大西洋鲑，但高于其他6种海水鱼及猪瘦肉、凡纳对虾和鸡蛋（表4-6）。

4.1.2 牙鲆的营养价值

牙鲆是我国黄海及渤海的名贵鱼类，是季节性风味名菜。牙鲆肉质细嫩而洁白，味鲜美而肥腴，补虚益气，一般人群都可食用，但不宜多食，有动气作用。现对褐牙鲆的营养成分和营养价值评价如下。

4.1.2.1 褐牙鲆肌肉中常规成分含量及营养评价

褐牙鲆鱼肉也含有比较丰富的蛋白质，其含量达22.91g/100g鲜肉，低于黄鳍金枪鱼，但居于10种海水鱼的第2位，比凡纳对虾和猪瘦肉分别高出4.20g/100g鲜肉和2.61g/100g鲜肉，是鸡蛋的1.79倍。其脂肪含量仅1.81g/100g鲜肉，比凡纳对虾稍高，而仅仅为鸡蛋的16%，为猪瘦肉的29%；每100g鱼肉热量仅为458kJ，比鸡蛋和猪瘦肉都少得多。因此，褐牙鲆鱼肉也是一种高蛋白质、低脂肪、低热量的食物（表4-1）。

4.1.2.2 褐牙鲆肌肉中必需氨基酸含量及营养评价

氨基酸的含量和组成，特别是8种必需氨基酸（EAA）的含量和比例，是决定蛋白质营养价值的重要因素。褐牙鲆肌肉中EAA占总氨基酸（TAA）的44.74%，EAA与非必需氨基酸（NEAA）的比值为98.31%。根据 FAO/WHO理想模式，质量较好的蛋白质其 EAA/TAA为40%左右，EAA/NEAA在60%以上，因此，褐牙鲆的肌肉氨基酸组成符合上述指标要求，属于优质蛋白质（表4-2）。

褐牙鲆肌肉蛋白质EAA的CS评分中色氨酸最高，其次是缬氨酸和赖氨酸，CS值均大于1，这对于色氨酸、缬氨酸、赖氨酸为限制性氨基酸的谷类食物能起到很好的互补作用；CS评分中蛋氨酸+胱氨酸最低，可见褐牙鲆的限制性氨基酸为蛋氨酸+胱氨酸。褐牙鲆的EAAI为79.61，高于大多数鱼类和陆生动物，说明褐牙鲆肌肉的EAA比较平衡，也易于被人体吸收和利用（表4-3）。

4.1.2.3 褐牙鲆肌肉中多不饱和脂肪酸含量及营养评价

褐牙鲆肌肉中多不饱和脂肪酸占比达35.70%，稍低于凡纳对虾，但是比猪瘦肉高出 2 倍多，比鸡蛋高出 1 倍多。其中，二十二碳六烯酸（DHA）占比21.70%，是凡纳对虾的10.96倍，在目前检测的海水鱼类中排在第2位；二十碳五烯酸（EPA）占比6.70%，与凡纳对虾基本一样，但是比黄鳍金枪鱼高；二十二碳五烯酸（DPA）占比2.30%，而黄鳍金枪鱼肌肉中未检测到。猪瘦肉和鸡蛋均不含EPA、DPA和DHA。据科学研究证明，DHA具有增强智力的作用；EPA具有帮助降低胆固醇和甘油三酯的含量，促进体内饱和脂肪酸代谢之功效；DPA具有调节血脂、软化血管，降低血液黏度，改善视力、促进生长发育和提高人体免疫功能等作用，其调节血脂的功能比有血管清道夫之称的EPA还要强很多倍（表4-4）。

4.1.2.4 褐牙鲆肌肉中无机盐含量及营养评价

褐牙鲆肌肉中含有钠、钾、钙、镁、磷5种常量元素和铁、锌、铜、锰4种微量元素，其中，磷含量为240mg/100g鲜肉，比猪瘦肉、鸡蛋和凡纳对虾都高，与黄鳍金枪鱼基本持平；钙含量23mg/100g鲜肉，是黄鳍金枪鱼的2.3倍，是猪瘦肉的3.83倍，而钙、磷是人体骨骼发育必需的2种常量元素（表4-5）。

4.1.2.5 褐牙鲆肌肉中维生素含量及营养评价

褐牙鲆肌肉中含有的维生素多达11种，包括脂溶性维生素A、维生素D、维生素E和水溶性维生素B_1、维生素B_2、维生素B_6、维生素B_{12}、维生素C、烟酸、叶酸和泛酸。维生素D、维生素B_6、维生素B_{12}、维生素C、叶酸和泛酸共6种维生素在凡纳对虾、猪瘦肉、鸡蛋中均未检测到；维生素C含量高达3.00mg/100g鲜肉，居于10种海洋鱼之首；维生素B_2含量稍高于鸡蛋，而远高于猪瘦肉和凡纳对虾；烟酸含量达6.00mg /100g鲜肉，稍高于猪瘦肉，而远高于鸡蛋和凡纳对虾，这些维生素都具有重要的生理作用（表4-6）。

4.1.3 大菱鲆的营养价值

大菱鲆，俗称多宝鱼，又名漠斑牙鲆，由于游动时体态十分优美，宛如水中的蝴蝶，故又称“蝴蝶鱼”。大菱鲆是冷水性鱼类，对养殖环境条件要求非常严格，是欧洲著名的海水养殖良种和国际市场公认的高价值食用鱼类之一。它的肌肉丰厚白嫩，鳍边和皮下胶质（胶原蛋白质）丰富，口感爽滑鲜美，有骨刺少、出肉率高和久煮不老等优点，所以被古罗马时期的贵族称为“海中稚鸡”，奉为席上珍品，常储养于宫廷水池中，留作节庆之日享用。

4.1.3.1 大菱鲆肌肉中常规成分含量及营养评价

常规营养成分评价主要评价蛋白质、脂肪、灰分及水分的组成及含量，而蛋白质和脂肪的组成及含量则是评价食品营养价值的重点。大菱鲆肌肉中蛋白质含量为17.72g/100g鲜肉，稍低于猪瘦肉和凡纳对虾，但远高于鸡蛋，是鸡蛋的1.38倍。脂肪含量为0.78g/100g鲜肉，稍低于对虾，但远低于鸡蛋和猪瘦肉；能量仅340kJ/100g鲜肉，远低于鸡蛋和猪瘦肉。说明大菱鲆是一种高蛋白质、低脂肪、低热量的优质食物（表4-1）。

4.1.3.2 大菱鲆肌肉中必需氨基酸含量及营养评价

蛋白质的营养价值取决于其氨基酸组成和含量。食物蛋白质是否拥有较高营养价值的评定标准，不仅要考虑必需氨基酸种类是否齐全，还要考虑其必需氨基酸比例是否与人体需求相符，若相符人体就可以最完全地吸收食物中的必需氨基酸。各种蛋白质所含氨基酸的种类和含量是存在差异的，含人体所需的全部氨基酸且含量充足，其营养价值就高；反之，营养价值就低。大菱鲆背肌中测出17种氨基酸，其中EAA有7种。必需氨基酸含量为7.33g/100g鲜肉，占氨基酸总量的37.88%。在测出的EAA中，赖氨酸含量达1.89g/100g鲜肉，高于猪瘦肉和凡纳对虾，比鸡蛋高出1倍多。赖氨酸具有促进钙的吸收和钙蓄积的功能，还有增进食欲、促进婴幼儿生长和发育的作用（表4-2）。

以化学评分（CS）为标准，大菱鲆肌肉中赖氨酸显著高于猪瘦肉和凡纳对虾，丰富的赖氨酸可以弥补谷物食品中的不足，从而提高人体对蛋白质的利用。其第1限制性氨基酸是缬氨酸，第2限制性氨基酸是苏氨酸。评价食物蛋白质营养价值是以鸡蛋蛋白质EAA组成为参评标准的必需氨基酸指数（EAAI）为指标的，大菱鲆的EAAI为98，远高于凡纳对虾以及大部分鱼类。另外，大菱鲆肌肉中亮氨酸、异亮氨酸和苯丙氨酸+酪氨酸含量丰富，使其更具食用价值。通过以上分析发现，大菱鲆肌肉的氨基酸组成与含量比较符合人体对EAA的需求（表4-3）。

4.1.3.3 大菱鲆肌肉中多不饱和脂肪酸含量及营养评价

在大菱鲆肌肉中共检测出8种多不饱和脂肪酸（PUFA），PUFA占脂肪总量的45.34%，高于凡纳对虾的40.50%，是鸡蛋的3倍多，是猪瘦肉的近4倍。近年来研究发现，多不饱和脂肪酸具有多种生理学功能，它们在降血脂、降血压、抑制血小板凝集、提高生物膜液态性、抗肿瘤和免疫调节等方面发挥重要作用，摄入一定量的多不饱和脂肪酸能显著降低心脑血管疾病的发病率。EPA和DHA是人体必需的多不饱和脂肪酸，具有许多重要的营养生理学功能，大菱鲆肌肉中EPA占比高达9.58%，该比例高于绝大多数鱼类；DHA占比高达19.26%，在目前检测的海水鱼中排在第3位（表4-4）。

4.1.3.4 大菱鲆肌肉中无机盐含量及营养评价

大菱鲆肌肉中含有钠、钾、钙、镁、磷5种常量元素和铁、锌2种微量元素，其中，镁含量为51mg/100g鲜肉，居于10种海洋鱼之首，稍高于凡纳对虾，但远高于猪瘦肉和鸡蛋，分别是猪瘦肉和鸡蛋2.04倍和5.10倍（表4-5）。

镁是人体不可缺少的矿物质元素之一。镁离子几乎参与人体所有的新陈代谢，在细胞内它的含量仅次于钾。镁离子影响钾离子、钠离子、钙离子细胞内外移动的“通道”，并有维持生物膜电位的作用。

① 镁缺乏易引发心脑血管疾病：现代医学证实，镁对心脏活动具有重要的调节作用。它通过对心肌的抑制，使心脏的节律和兴奋传导减弱，从而有利于心

脏的舒张与休息。若体内缺镁，会引起供应心脏血液和氧气的动脉痉挛，容易导致心脏骤停而死亡。另外，镁对心脑血管系统也有很好的保护作用，它可减少血液中胆固醇的含量，防止动脉粥样硬化，同时还能扩张冠状动脉，增加心肌供血量。而且，镁能在供血骤然受阻时保护心脏免受伤害，从而降低心脏病突发造成的死亡率。

② 镁缺乏易诱发痛经：痛经是女性中较为常见的现象。最新的国外资料显示，痛经与体内缺乏重要的矿物质元素——镁有直接的关系。

③ 镁缺乏易发生偏头痛：偏头痛是一种比较常见的疾病，医学专家对其病因学提出了许多不同的见解。据国外最新资料显示，偏头痛与脑内镁元素的缺乏有关。

④ 镁缺乏会增加癌症发病率：美国癌症研究所的伯格博士通过大量的研究证实，镁元素与癌症的发病率呈相反关系。凡是土质含镁量高的地区，癌症发病率偏低；而含镁较少的地区，癌症发病率较高。

4.1.3.5 大菱鲆肌肉中维生素含量及营养评价

大菱鲆肌肉中含有维生素A、维生素B_1、维生素B_2、维生素B_6、维生素B_{12}、维生素C、烟酸、叶酸8种维生素。维生素B_6、维生素B_{12}、维生素C和叶酸4种维生素是凡纳对虾、猪瘦肉、鸡蛋中不含的，而这些维生素都具有重要的生理功能。因此，常食大菱鲆可以弥补其他食物中这几种维生素的缺乏（表4-6）。

4.1.4 黄花鱼的营养价值

黄花鱼类是我国是东海、黄海、南海产量较大的鱼类，是人们最为喜爱的海产品之一，为我国主要的经济鱼类。黄花鱼分为大黄鱼和小黄鱼，分别为我国四大海洋品种之一。由于大黄鱼市场上少见而且价格昂贵，现以小黄鱼为例，介绍其食用价值。

4.1.4.1 小黄鱼肌肉中常规成分含量及营养评价

小黄鱼的蛋白质含量17.90g/100g鲜肉，远高于鸡蛋，接近大菱鲆，但低于凡纳对虾和猪瘦肉；脂肪含量较高，达到3.10g/100g鲜肉，远高于黄鳍金枪鱼、褐牙鲆和凡纳对虾，但远低于鸡蛋和猪瘦肉；能量为440kJ/100g鲜肉，稍微高于凡纳对虾，远低于鸡蛋和猪瘦肉。这说明小黄鱼是一种高蛋白质、中脂肪、低热量的优质食物（表4-1）。

4.1.4.2 小黄鱼肌肉中必需氨基酸含量及营养评价

小黄鱼肌肉组织中含有8种必需氨基酸（EAA），占到氨基酸总量的7.22%，其氨基酸指数（EAAI）为51.38，与凡纳对虾基本一致；根据 FAO/WHO 的理想模式，质量较好的蛋白质其组成氨基酸的EAA/TAA为40%左右，小黄鱼肌肉中EAA占总氨基酸的比值（EAA/TAA）为42.53%（表4-2）。

从氨基酸的化学评分看，色氨酸为0.13，是第一限制性氨基酸，蛋氨酸+胱氨酸为0.47，为第二限制性氨基酸，除了色氨酸、蛋氨酸+胱氨酸低于0.5以外，其他EAA的CS均大于0.5。可见，其氨基酸平衡效果较好，属于优质的蛋白质（表4-3）。

4.1.4.3 小黄鱼肌肉中多不饱和脂肪酸含量及营养评价

脂肪是加热产生香气成分不可缺少的物质，尤其是高含量的多不饱和脂肪酸（PUFA）能显著地增加香味，同时在一定程度上反映肌肉的多汁性，小黄鱼肌肉中含有7种多不饱和脂肪酸，占肌肉脂肪酸的27.96%，高于青石斑鱼、海鳗和鲐鱼，远高于鸡蛋和猪瘦肉。另外，EPA的占比为4.42%，低于凡纳对虾的6.60%，但高于黄鳍金枪鱼、青石斑鱼、海鳗和带鱼；DHA的占比为17.41%，低于黄鳍金枪鱼、褐牙鲆和大菱鲆，但高于青石斑鱼、带鱼等大多数海水鱼；DHA占比是凡纳对虾（1.98%）的8.8倍；另外，其肌肉中二十二碳五烯酸（DPA）占比为1.35%。EPA+DHA占比达21.83%，也高于大多数海水鱼及淡水鱼（表4-4）。

4.1.4.4 小黄鱼肌肉中无机盐含量及营养评价

小黄鱼肌肉中含有钠、钾、钙、镁、磷5种常量元素和铁、锌、铜、锰、硒5种微量元素，其中，钙的含量为78mg/100g鲜肉，高于凡纳对虾和鸡蛋，远高于猪瘦肉，为猪瘦肉的13倍；尤其是硒含量高达55.20μg/100g鲜肉，稍低于鲐鱼的58.00μg/100g鲜肉，但高于大多数海水鱼，远高于凡纳对虾、鸡蛋和猪瘦肉，分别是凡纳对虾、鸡蛋和猪瘦肉的1.64倍、3.86倍和5.81倍（表4-5）。

4.1.4.5 小黄鱼肌肉中维生素含量及营养评价

小黄鱼肌肉中含有维生素4种，包括脂溶性维生素E和水溶性维生素B_1、维生素B_2和烟酸。其中，维生素E含量为1.19mg/100g鲜肉，低于鸡蛋，但远高于凡纳对虾和猪瘦肉，分别是这两种食物的1.92倍和3.50倍；维生素B_1的含量低于猪瘦肉和鸡蛋，但高于凡纳对虾；烟酸含量远低于猪瘦肉，稍高于对虾，但远高于鸡蛋，是鸡蛋的11.5倍（表4-6）。

4.1.5 石斑鱼的营养价值

随着我国沿海石斑鱼养殖业的快速发展，石斑鱼已经成为大众日常餐桌上的食用鱼类。作为海鱼，石斑鱼营养丰富，肉质细嫩洁白，类似鸡肉，素有“海鸡肉”之称，被港澳地区推为我国四大名鱼之一。而且，石斑鱼低脂肪、高蛋白质，因此不少高档宴席上都会选择这类鱼作为主要菜品。下面以青石斑鱼为例介绍石斑鱼类的营养价值。

4.1.5.1 青石斑鱼肌肉中常规成分含量及营养评价

青石斑鱼肌肉中含有比较丰富的蛋白质，其含量高达21.76g/100g鲜肉，低于黄鳍金枪鱼和褐牙鲆，但高于大多数海水鱼，也高于凡纳对虾和猪瘦肉，远高于鸡蛋，是鸡蛋蛋白质含量的1.7倍；其脂肪含量中度，为3.62g/100g鲜肉，比远东拟沙丁鱼、带鱼、海鳗和大西洋鲑低，与鲐鱼持平，但高于小黄鱼、褐牙鲆、黄鳍金枪鱼和大菱鲆，也远高于凡纳对虾，但远低于鸡蛋和猪瘦肉；每100g鱼肉热量仅为507kJ，也比凡纳对虾高一些，但低于鸡蛋和猪瘦肉。因此，青石斑鱼肉是一种高蛋白质、中脂肪、低热量的优质食物（表4-1）。

4.1.5.2 青石斑鱼肌肉中必需氨基酸含量及营养评价

青石斑鱼肌肉蛋白质中除了色氨酸未检测之外，含有7种必需氨基酸（EAA），其中，赖氨酸的含量达1.90g/100g鲜肉，低于黄鳍金枪鱼，与海鳗一致，并列10种海水鱼的第2位。赖氨酸是人乳中第一限制性氨基酸，因此，青石斑鱼是优质的催乳食品。另外，青石斑鱼的EAAI达85.07，远大于凡纳对虾（表4-2）。

从氨基酸的化学评分来看，除了第一限制性氨基酸——蛋氨酸+胱氨酸的化学评分为0.56之外，青石斑鱼其他6种EAA的化学评分在0.70以上。这说明青石斑鱼肌肉的EAA比较平衡，易于被人体消化吸收和利用（表4-3）。

4.1.5.3 青石斑鱼肌肉中多不饱和脂肪酸含量及营养评价

青石斑鱼脂肪中多不饱和脂肪酸（PUFA）占脂肪总量的比例为26.10%，比凡纳对虾低，但分别是鸡蛋和猪瘦肉1.75倍和2.29倍。其中，DHA的占比达15.40%，是凡纳对虾的7.8倍；EPA占比为3.70%，比凡纳对虾低一些。青石斑鱼脂肪中属于ω-3系列不饱和脂肪酸的二十二碳五烯酸（DPA）占比达3.60%，居于10种海水鱼的第2位，与大菱鲆的3.63%基本持平，但比褐牙鲆和小黄鱼高得多，是凡纳对虾的10倍。大多数海水鱼和淡水鱼不含DPA，而DPA具有重要的生理作用（表4-4）。

4.1.5.4 青石斑鱼肌肉中无机盐含量及营养评价

青石斑鱼肌肉中含有钠、钾、钙、镁、磷5种常量元素和铁、锌、铜3种微量元素，这些元素都是人体生长和发育必需的矿物质盐类。尤其是钙含量达80mg/100g鲜肉，高居10种海水鱼之首，比凡纳对虾和鸡蛋高得多，比猪瘦肉高出12.3倍。另外，其肌肉中磷含量达200mg/100g鲜肉，虽比凡纳对虾稍低一些，但高于猪瘦肉，远高于鸡蛋，是鸡蛋的1.54倍。而钙和磷是人体骨骼的重要组成成分（表4-5）。

4.1.5.5 青石斑鱼肌肉中维生素含量及营养评价

青石斑鱼肌肉中含有丰富的维生素，包括脂溶性维生素A、维生素D、维生素E和水溶性维生素B_1、维生素B_2、维生素B_{12}、维生素C、烟酸、叶酸及泛酸共10种。维生素D、维生素B_{12}、维生素C、叶酸以及泛酸5种维生素是凡纳对虾、猪瘦肉和鸡蛋中没有检测到的。其中，维生素E含量达1.50mg/100g鲜肉，低于鸡蛋的1.84mg/100鲜肉，与鲐鱼持平，但高于大多数海水鱼，也远高于凡纳对虾和猪瘦肉，分别是其2.42倍和4.41倍。另外，其维生素C含量达2.00mg/100g鲜肉，低于褐牙鲆，与鲐鱼持平，但高于其他7种海水鱼（表4-6）。

4.1.6 带鱼的营养价值

我国沿海的带鱼可以分为南、北两大类，北方带鱼个体较南方带鱼大，在黄海南部越冬，春天游向渤海，形成春季鱼汛，秋天结群返回越冬地形成秋季鱼汛；南方带鱼每年沿东海西部边缘随季节不同作南北向移动，春季向北作生殖洄游，冬季向南作越冬洄游，东海带鱼有春汛和冬汛之分。带鱼肉质细腻，没有泥腥味，鱼肉易于消化，是老少皆宜的家常菜。

4.1.6.1 带鱼肌肉中常规成分含量及营养评价

带鱼肌肉是一种高蛋白质、多脂肪、高热量的食物。其蛋白质含量为20.83g/100g鲜肉，仅比黄鳍金枪鱼、褐牙鲆、青石斑鱼和鲐鱼低一些，而高于其他5种海水鱼，稍高于猪瘦肉和凡纳对虾，但远高于鸡蛋，为鸡蛋的1.63倍。脂肪含量为7.90g/100g鲜肉，低于远东拟沙丁鱼和鸡蛋，高于其他8种海水鱼和猪瘦肉，远高于凡纳对虾。热量为660kJ/100g鲜肉，稍低于鸡蛋，高于猪瘦肉，远高于凡纳对虾（表4-1）。

4.1.6.2 带鱼肌肉中必需氨基酸含量及营养评价

带鱼肌肉中含有8种必需氨基酸（EAA），其中，苏氨酸含量达1.15g/100g鲜肉，居于10种海水鱼第2位，高于猪瘦肉、凡纳对虾和鸡蛋，为鸡蛋的1.98倍；其EAA总量为5.95g/100g鲜肉，稍高于鸡蛋，但低于猪瘦肉和凡纳对虾（表4-2）。

带鱼肌肉氨基酸的化学评分（CS）均大于0.5，其中，蛋氨酸+胱氨酸为0.56，为第一限制性氨基酸，但大于凡纳对虾的0.50；色氨酸为0.68，也远大于凡纳对虾的0.21，其赖氨酸的CS为1.24，也大于凡纳对虾的0.80，因此，带鱼的EAA比凡纳对虾要更加平衡，易于被人体消化吸收（表4-3）。

4.1.6.3 带鱼肌肉中多不饱和脂肪酸含量及营养评价

带鱼肌肉中含有7种多不饱和脂肪酸（PUFA），其中，亚麻酸占比高达5.17%，居10种海水鱼首位，低于凡纳对虾的6.28%，但远高于猪瘦肉和鸡蛋，分别是猪瘦肉和鸡蛋的5.74倍和51.7倍；花生四烯酸的占比为4.26%，低于黄鳍金枪鱼，但高于其他8种海水鱼，也远高于凡纳对虾、鸡蛋和猪瘦肉，分别是凡纳对虾、鸡蛋和猪瘦肉的5.68倍、7.1倍和21.3倍。二十二碳六烯酸（DHA）占比为14.08%，高于大西洋鲑、海鳗、远东拟沙丁鱼和鲐鱼，低于其他5种海水鱼，远高于凡纳对虾，是凡纳对虾的7倍多（表4-4）。

4.1.6.4 带鱼肌肉中无机盐含量及营养评价

带鱼肌肉中含有钠、钾、钙、镁、磷5种常量元素，以及铁、锌、铜、锰、硒5种微量元素。其中，硒的含量达36.60μg/100g鲜肉，低于鲐鱼和小黄鱼，而远高于其他7种海水鱼，稍高于凡纳对虾，但远高于鸡蛋和猪瘦肉，分别是鸡蛋和猪瘦肉的2.56倍和3.85倍（表4-5）。

4.1.6.5 带鱼肌肉中维生素含量及营养评价

带鱼肌肉中含有包括脂溶性维生素A、维生素E和水溶性维生素B_1、维生素B_2、烟酸5种维生素。其中，维生素E含量0.82 mg/100g鲜肉，低于鸡蛋，但高于对虾和猪瘦肉；烟酸的含量为2.80 mg/100g鲜肉，低于猪瘦肉，高于对虾和鸡蛋，是鸡蛋的14倍（表4-6）。

4.1.7 三文鱼（大西洋鲑）的营养价值

三文鱼在众多的海产品中，以其独特的口味、丰富的营养，越来越受人们的青睐。三文鱼是某些鲑科鱼类或鲑鳟鱼类的商品名称，三文鱼生长在冷海水域，被国际美食界被誉为“冰海之皇”。挪威是世界上最大的三文鱼养殖与捕捞国，其产量占到世界总产量的一半。尽管这几年国内三文鱼养殖业不断发展，但我国大陆市场上大约90%的三文鱼是从挪威进口的。三文鱼种类较多，我国市场上销售的三文鱼主要是大西洋鲑，现以大西洋鲑为例，介绍其营养价值。

4.1.7.1 三文鱼（大西洋鲑）肌肉中常规成分含量及营养评价

大西洋鲑肌肉中蛋白质含量为19.40g/100g鲜肉，低于黄鳍金枪鱼、褐牙鲆、青石斑鱼、带鱼和鲐鱼，高于远东拟沙丁鱼、海鳗、小黄鱼和大菱鲆；也高于凡纳对虾和鸡蛋，是鸡蛋的1.52倍。脂肪含量为4.52g/100g鲜肉，比远东拟沙丁鱼、带鱼和海鳗低，但高于其他6种海水鱼；稍低于猪瘦肉的6.20g/100g鲜肉，远低于鸡蛋的11.10g/100g，但高于凡纳对虾，是凡纳对虾的4.22倍，因此，大西洋鲑是一种高蛋白质、中等脂肪的优质食物（表4-1）。

4.1.7.2 三文鱼（大西洋鲑）肌肉中必需氨基酸含量及营养评价

大西洋鲑肌肉中含有8种EAA，其中，赖氨酸含量达1.77g/100g鲜肉，低于黄鳍金枪鱼、青石斑鱼、海鳗、大菱鲆，和鲐鱼持平，但高于其他4种海水鱼，其含量比猪瘦肉、凡纳对虾和鸡蛋都高，是鸡蛋的2.08倍（表4-2）。

从大西洋鲑肌肉氨基酸的化学评分（CS）来看，赖氨酸、苏氨酸以及亮氨酸的CS都大于1.0，其他EAA的CS也都大于0.6，作为第一限制性氨基酸的色氨酸的CS也达到0.67，由此可见，大西洋鲑肌肉中的EAA种类齐全，含量丰富，比例适宜（表4-3）。

4.1.7.3 三文鱼（大西洋鲑）肌肉中多不饱和脂肪酸含量及营养评价

大西洋鲑肌肉中多不饱和脂肪酸（PUFA）有7种，占脂肪酸总量的41.77%。其中，二十碳五烯酸（EPA）为9.46%，居于10种海水鱼的第3位，低于远东拟沙丁鱼和大菱鲆，但高于其他7种海水鱼和凡纳对虾，是凡纳对虾的1.43倍；二十二碳六烯酸（DHA）为 11.77%，高于海鳗、远东拟沙丁鱼和鲐鱼，远高于凡纳对虾，为凡纳对虾的5.94倍。可见，大西洋鲑的脂肪酸组成丰富（表4-4）。

4.1.7.4 三文鱼（大西洋鲑）肌肉中无机盐含量及营养评价

大西洋鲑肌肉中含有钠、钾、钙、镁、磷5种常量元素和铁、锌、硒3种微量元素，其中，磷的含量为200mg/100g鲜肉，稍低于凡纳对虾，但高于猪瘦肉和鸡蛋；硒含量为26.00μg/100g鲜肉，低于凡纳对虾，但高于鸡蛋和猪瘦肉，分别是鸡蛋和猪瘦肉的1.82倍和2.74倍（表4-5）。

4.1.7.5 三文鱼（大西洋鲑）肌肉中维生素含量及营养评价

大西洋鲑肌肉中含有丰富的维生素，包括脂溶性维生素A、维生素D、维生素E和水溶性维生素B_1、维生素B_2、维生素B_6、维生素B_{12}、烟酸以及叶酸共计9种维生素，而维生素D、维生素B_6、维生素B_{12}、叶酸4种维生素是凡纳对虾、猪瘦肉和鸡蛋中没有的。其中，维生素D含量高达12.50μg/100g鲜肉，低于褐牙鲆，但高于其他8种海水鱼；叶酸含量高达26.00μg/100g鲜肉，高居10种海水鱼首位；烟酸含量为6.00mg/100g鲜肉，稍高于猪瘦肉，但远高于凡纳对虾和鸡蛋，分别是凡纳对虾和鸡蛋的3.53倍和30倍（表4-6）。

4.1.8 海鳗的营养价值

海鳗为我国沿海主要经济鱼类之一，在我国海洋渔业中占有重要地位。海鳗肉质细滑、味道鲜美、营养丰富。除鲜销外，海鳗往往被制成风味独特的鳗鲞，有“新风鳗鲞味胜鸡”之美誉，产品深受消费者喜爱，远销东南亚地区。

4.1.8.1 海鳗肌肉中常规成分含量及营养评价

海鳗肌肉中蛋白质含量为18.23g/100g鲜肉，稍高于小黄鱼和大菱鲆，但低于其他7种海水鱼；也低于猪瘦肉和凡纳对虾，但远高于鸡蛋，为鸡蛋的1.42倍。脂肪含量为6.08g/100g鲜肉，远低于鸡蛋，比远东拟沙丁鱼和带鱼低，但高于其他7种海水鱼，远高于凡纳对虾，为凡纳对虾的5.68倍。热量为547kJ/100g鲜肉，远高于凡纳对虾，但低于鸡蛋和猪瘦肉。因此，海鳗是一种高蛋白质、高脂肪、中热量的鱼类（表4-1）。

4.1.8.2 海鳗肌肉中必需氨基酸含量及营养评价

海鳗肌肉蛋白质中共检出18种氨基酸，而EAA有8种，EAA总量为9.12g/100g鲜肉，低于黄鳍金枪鱼和鲐鱼，但高于其他7种海水鱼以及猪瘦肉、凡纳对虾和鸡蛋。其中，赖氨酸含量达1.90g/100g鲜肉，远高于猪瘦肉、凡纳对虾和鸡蛋，是鸡蛋的2.24倍；亮氨酸和异亮氨酸含量分别为1.74 g/100g鲜肉和1.04 g/100g鲜肉，也高于猪瘦肉、凡纳对虾和鸡蛋（表4-2）。

从海鳗肌肉氨基酸的化学评分（CS）来看，除了作为第一限制性氨基酸的色氨酸的CS为0.51之外，其他6种EAA的CS均在0.60以上，且赖氨酸、亮氨酸和苏氨酸的CS均在1.0以上。可见海鳗肌肉的EAA含量丰富，其蛋白质的营养价值高（表4-3）。

4.1.8.3 海鳗肌肉中多不饱和脂肪酸含量及营养评价

海鳗肌肉中多不饱和脂肪酸（PUFA）占14.6%，低于凡纳对虾和鸡蛋，但高于猪瘦肉，是猪瘦肉的1.28倍。其中，二十二碳六烯酸（DHA）占比达9.36%，高于远东拟沙丁鱼和鲐鱼，远高于凡纳对虾，是凡纳对虾的4.73倍（表4-4）。

4.1.8.4 海鳗肌肉中无机盐含量及营养评价

海鳗肌肉中含有钠、钾、钙、镁、磷5种常量元素和铁、锌、铜、锰、硒、钴6种微量元素。其中，钙含量为78.4mg/100g鲜肉，居于10种海水鱼的第2位，稍低于青石斑鱼，但高于其他8种海水鱼，也高于凡纳对虾、鸡蛋，而远高于猪瘦肉，为猪瘦肉的13.07倍；锰含量为0.41 mg/100g鲜肉，也居于10种海水鱼的第2位，稍低于黄鳍金枪鱼，但远高于其他8种海水鱼以及对凡纳虾、鸡蛋和猪瘦肉，分别是凡纳对虾、鸡蛋和猪瘦肉的3.42倍、10.25倍和13.67倍。另外，海鳗肌肉中还含有微量元素钴，其含量为2.00μg/100g鲜肉，这在其他鱼类中尚未检测到。钴是维生素B_{12}的组成成分，是某些酶的组分或催化剂的辅助因子，具有刺激造血的作用，并对某些微量元素的代谢有一定影响（表4-5）。

4.1.8.5 海鳗肌肉中维生素含量及营养评价

海鳗肌肉中含有非常丰富的维生素，包括脂溶性维生素A、维生素D、维生素E和水溶性维生素B_1、维生素B_2、维生素B_6、维生素B_{12}、维生素C、烟酸、叶酸和泛酸共计11种维生素。维生素D、维生素B_6、维生素B_{12}、维生素C、叶酸和泛酸在对虾、猪瘦肉和鸡蛋中未检测到。其中，维生素A含量高达59.00μg/100g鲜肉，高居10种海水鱼之首，低于鸡蛋，但高于凡纳对虾和猪瘦肉；叶酸含量达21.00μg/100g鲜肉，稍低于大西洋鲑，但高于其他8种海水鱼（表4-6）。

4.1.9 沙丁鱼的营养价值

沙丁鱼生长快、繁殖力强，产量高，价格低廉，且肉质鲜嫩，清蒸、红烧、油煎及腌干蒸食均美味可口。沙丁鱼营养价值很高，不仅可供食用，还可提炼鱼油、制革、制皂和金属冶炼等，也可制作鱼粉作为饵料。日本有人以远东拟沙丁鱼为原料试制成功一种“浓缩鱼蛋白”（FPC）。这种浓缩鱼蛋白营养特别丰富，蛋白质含量达89.2%，而且几乎不含脂肪，易于消化，被作为健康食品用来代替鸡蛋、牛奶等，被称为“海洋牛肉”。下面以远东拟沙丁鱼为例介绍其营养价值。

4.1.9.1 远东拟沙丁鱼肌肉中常规成分含量及营养评价

远东拟沙丁鱼肌肉中蛋白质含量为19.20g/100g鲜肉，高于海鳗、小黄鱼、大菱鲆，低于其他6种海水鱼，稍低于猪瘦肉，但高于凡纳对虾，远高于鸡蛋，为鸡蛋的1.5倍；脂肪含量高达13.80g/100g鲜肉，居10种海水鱼之首，也高于鸡蛋、猪瘦肉和凡纳对虾，分别是鸡蛋、猪瘦肉和凡纳对虾的1.24倍、2.23倍和12.9倍；其热量为875kJ/100g鲜肉，高居10种海水鱼之首，也比鸡蛋、猪瘦肉和凡纳对虾高得多，可见远东拟沙丁鱼是一种高蛋白质、高脂肪、高热量的食物（表4-1）。

4.1.9.2 远东拟沙丁鱼肌肉中必需氨基酸含量及营养评价

检测出远东拟沙丁鱼肌肉中含有17种氨基酸，而EAA有7种（色氨酸由于在检测过程中被破坏，未检测），EAA总量为7.33g/100g鲜肉，低于黄鳍金枪鱼、鲐鱼、海鳗、褐牙鲆、大西洋鲑和青石斑鱼，与大菱鲆持平，但高于带鱼和小黄鱼；低于猪瘦肉，但高于鸡蛋和凡纳对虾。其中，蛋氨酸+胱氨酸含量达0.74g/100g鲜肉，高于猪瘦肉、凡纳对虾和鸡蛋；赖氨酸、缬氨酸、苏氨酸的含量除了比猪瘦肉稍低外，均高于凡纳对虾和鸡蛋（表4-2）。

从远东拟沙丁鱼肌肉氨基酸的化学评分（CS）来看，除了作为第一限制性氨基酸的苯丙氨酸+酪氨酸为0.59之外，其他6种EAA的CS均大于0.60。由此可见，远东拟沙丁鱼肌肉蛋白质营养价值较高，适宜人体消化吸收（表4-3）。

4.1.9.3 远东拟沙丁鱼肌肉中多不饱和脂肪酸含量及营养评价

远东拟沙丁鱼肌肉中多不饱和脂肪酸（PUFA）种类有7种，总量为28.80%。其中，EPA占比高达17.29%，居于10种海水鱼之首，并远高于其他9种海水鱼，是排在第2位大菱鲆的1.8倍；也远高于凡纳对虾，为其2.62倍。

DHA的占比为8.29%，高于鲐鱼，低于其他8种海水鱼，但远高于凡纳对虾，为其4.19倍（表4-4）。

4.1.9.4 远东拟沙丁鱼肌肉中无机盐含量及营养评价

远东拟沙丁鱼肌肉中含有钠、钾、钙、镁、磷5种常量元素和铁、锌、铜、锰4种微量元素。其中，铁含量高达1.80mg/100g鲜肉，居于10种海水鱼之首，是排在第10位褐牙鲆的18倍；锌含量达1.10mg/100g鲜肉，也居于10种海水鱼之首，低于凡纳对虾和猪瘦肉，与鸡蛋持平（表4-5）。

4.1.9.5 远东拟沙丁鱼肌肉中维生素含量及营养评价

远东拟沙丁鱼肌肉中含有非常丰富的维生素，包括脂溶性维生素A、维生素D、维生素E和水溶性维生素B_1、维生素B_2、维生素B_6、维生素B_{12}、烟酸、叶酸以及泛酸共计10种。维生素D、维生素B_6、维生素B_{12}、叶酸和泛酸在猪瘦肉、鸡蛋和凡纳对虾中未检测到。其中，维生素B_2的含量达0.36mg/100g鲜肉，高居10种海水鱼之首，也远高于鸡蛋、猪瘦肉和凡纳对虾，分别是鸡蛋、猪瘦肉和凡纳对虾的1.33倍、3.6倍和5.14倍；维生素B_6含量达0.44mg/100g鲜肉，低于大西洋鲑的0.98mg/100g鲜肉，稍低于褐牙鲆的0.45mg/100g鲜肉，但远高于其他7种海水鱼；烟酸的含量高达8.20mg/100g鲜肉，居于10种海水鱼之首，也高于猪瘦肉、凡纳对虾和鸡蛋，分别是猪瘦肉、凡纳对虾和鸡蛋的1.55倍、4.82倍和41倍（表4-6）。

4.1.10 鲐鱼的营养价值

鲐鱼，我国各海域均有生产，以东海产量为多。继大小黄鱼、墨鱼、带鱼资源锐减以后，鲐鱼已成为我国近年主要经济鱼类之一。由于其肉稍有异味，而多数人对它的烹饪技术知之较少，所以，鲐鱼的价格相对较低。其实，鲐鱼是很好的食用鱼，其肉质紧实，刺少，可食部分较多。

4.1.10.1 鲐鱼肌肉中常规成分含量及营养评价

鲐鱼肌肉中蛋白质含量高达21.07g/100g鲜肉，比黄鳍金枪鱼、褐牙鲆和青石斑鱼低一些，但高于其他6种海水鱼以及猪瘦肉、凡纳对虾和鸡蛋，其蛋白质含量是鸡蛋的1.65倍。其脂肪含量为3.63g/100g鲜肉，低于远洋拟沙丁鱼、带鱼、大西洋鲑和海鳗，而远低于鸡蛋和猪瘦肉，但高于其他5种海水鱼和凡纳对虾；其热量为512kJ/100g鲜肉，高于凡纳对虾，但低于鸡蛋和猪瘦肉。可见，鲐鱼是一种高蛋白质、低脂肪、中等热量的食物（表4-1）。

4.1.10.2 鲐鱼肌肉中必需氨基酸含量及营养评价

鲐鱼肌肉蛋白质中已检测出7种必需氨基酸（EAA），其总量达11.06g/100g鲜肉，低于黄鳍金枪鱼，但高于其他8种海水鱼，也远高于猪瘦肉、凡纳对虾和鸡蛋。其中，苯丙氨酸+酪氨酸含量达2.74g/100g鲜肉，稍低于黄鳍金枪鱼，但高于其他8种海水鱼，也远高于凡纳对虾、猪瘦肉和鸡蛋。另外，其蛋氨酸+胱氨酸含量高达1.96g/100g鲜肉，稍低于黄鳍金枪鱼，但高于其他8种海水鱼，也远高于猪瘦肉、凡纳对虾和鸡蛋，分别是猪瘦肉、凡纳对虾和鸡蛋的2.88倍、3.16倍和3.21倍（表4-2）。

另外，从鲐鱼肌肉氨基酸的化学评分（CS）来看，所有必需氨基酸（EAA）的CS都大于0.60，其中，缬氨酸的CS最低，为0.63，是第一限制性氨基酸；而蛋氨酸+胱氨酸、苏氨酸、赖氨酸的CS均大于1.0，这说明鲐鱼肌肉蛋白质中氨基酸含量很平衡，特别是对弥补国人以谷物为主食导致的蛋氨酸、赖氨酸缺乏具有重要意义。因此，鲐鱼肌肉蛋白质的营养价值很高（表4-3）。

4.1.10.3 鲐鱼肌肉中多不饱和脂肪酸含量及营养评价

鲐鱼肌肉中多不饱和脂肪酸（PUFA）总量占脂肪含量的18.61%，其中，二十碳五烯酸（EPA）占比为5.90%，低于远洋拟沙丁鱼、大菱鲆、大西洋鲑、褐牙鲆，但是比黄鳍金枪鱼、青石斑鱼、海鳗和带鱼以及小黄鱼都高；二十二碳六烯酸（DHA）占比为7.91%，低于其他9种海水鱼，但高于凡纳对虾，为其近4倍（表4-4）。

4.1.10.4 鲐鱼肌肉中无机盐含量及营养评价

鲐鱼肌肉中含有钠、钾、钙、镁、磷5种常量元素和铁、锌、铜、锰、硒5种微量元素。其中，常量元素磷的含量达247mg/100g鲜肉，居10种海水鱼之首，也高于凡纳对虾、猪瘦肉和鸡蛋，为鸡蛋的1.9倍；铁含量达1.50mg/100g鲜肉，仅次于远东拟沙丁鱼，排在10种海水鱼的第2位；硒含量高达58μg/100g鲜肉，居于10种海水鱼之首，也远高于凡纳对虾、鸡蛋和猪瘦肉，分别是凡纳对虾、鸡蛋和猪瘦肉的1.72倍、4.06倍和6.11倍（表4-5）。

4.1.10.5 鲐鱼肌肉中维生素含量及营养评价

鲐鱼肌肉中含有脂溶性维生素A、维生素D、维生素E和水溶性维生素B_1、维生素B_2、维生素B_{12}、维生素C、烟酸、叶酸以及泛酸共计10种。维生素D、维生素B_{12}、维生素C、叶酸、泛酸是猪肉、鸡蛋和凡纳对虾中未检测到的。维生素E含量达1.50mg/100g鲜肉，与青石斑鱼持平，但高于其他8种海水鱼，虽比鸡蛋稍低一些，但远高于凡纳对虾和猪瘦肉；另外，维生素C的含量达2.00mg/100g鲜肉，低于褐牙鲆，与青石斑鱼持平，但高于其他7种海水鱼。这说明鲐鱼维生素的种类和含量都比较丰富（表4-6）。

表4-1 10种海水鱼肌肉中常规成分含量与其他食物的比较（鲜重）

食物种类	能量/(kJ/100g)	水分/(g/100g)	蛋白质/(g/100g)	脂肪/(g/100g)	灰分/(g/100g)	无氮浸出物/(g/100g)	数据来源
黄鳍金枪鱼	471	72.35	25.53	1.07	0.94	0.11	杨金生
褐牙鲆	458	73.80	22.91	1.81	1.24	0.24	韩现芹
大菱鲆	340	79.76	17.72	0.78	0.95	0.79	宋理平
小黄鱼	440	76.80	17.90	3.10	1.10	1.10	刘慧慧
青石斑鱼	507	74.13	21.76	3.62	1.33	0.00	林建斌
带鱼	660	70.13	20.83	7.90	1.21	0.00	许星鸿
大西洋鲑	512	73.62	19.40	4.52	1.93	0.53	满庆利
海鳗	547	74.26	18.23	6.08	1.30	0.13	于琴芳
远东拟沙丁鱼	875	64.60	19.20	13.80	1.90	0.50	缪圣赐
鲐鱼	512	72.71	21.07	3.63	1.64	0.95	刘露
猪瘦肉	606	71.00	20.30	6.20	1.00	1.30	舒妙安
鸡蛋	675	73.80	12.80	11.10	1.00	1.30	舒妙安
凡纳对虾	424	74.78	18.71	1.07	1.39	4.05	张高静

注：能量（kJ）=蛋白质（g）×16.7+脂肪（g）×39.54+无氮浸出物（g）×17.15，表中数据是由笔者根据此算式计算得出的。

表 4-2 10种海水鱼肌肉中必需氨基酸（EAA）含量与其他食物的比较（鲜重）

食物种类	缬氨酸/（g/100g）	异亮氨酸/（g/100g）	亮氨酸/（g/100g）	苯丙氨酸+酪氨酸/（g/100g）	赖氨酸/（g/100g）	蛋氨酸+胱氨酸/（g/100g）	苏氨酸/（g/100g）	色氨酸/（g/100g）	EAA总量/（g/100g）	数据来源
黄鳍金枪鱼	1.21	1.30	2.25	2.87	2.11	2.07	1.11	0.26	13.18	王 峰
褐牙鲆	1.70	0.79	1.60	1.44	1.69	0.77	0.68	0.43	9.10	韩现芹
大菱鲆	0.92	0.89	1.48	0.76	1.89	0.68	0.71	—	7.33	宋理平
小黄鱼	0.84	0.74	1.44	1.33	1.56	0.68	0.58	0.05	7.22	刘慧慧
青石斑鱼	1.04	0.96	1.67	1.49	1.90	0.75	0.87	—	8.68	林建斌
带鱼	0.61	0.50	1.09	0.85	1.16	0.38	1.15	0.21	5.95	许星鸿
大西洋鲑	0.94	0.86	1.58	1.34	1.77	0.77	0.92	0.21	8.39	邢 薇
海鳗	1.03	1.04	1.74	1.59	1.90	0.79	0.85	0.18	9.12	曾少葵
远东拟沙丁鱼	1.00	0.78	1.44	1.03	1.44	0.74	0.90	—	7.33	缪圣赐
鲐鱼	0.90	0.91	1.60	2.74	1.77	1.96	1.18	—	11.06	刘露
猪瘦肉	1.06	0.93	1.71	1.62	1.54	0.68	0.94	0.27	8.75	舒妙安
鸡蛋	0.70	0.63	1.05	1.11	0.85	0.61	0.58	0.22	5.75	舒妙安
凡纳对虾	0.88	1.01	1.52	1.55	1.43	0.62	0.83	0.09	7.93	张高静

注：“—”表示未检测。

表4-3　10种海水鱼肌肉氨基酸的化学评分（CS）与其他食物的比较

EAA	黄鳍金枪鱼	褐牙鲆	大菱鲆	小黄鱼	青石斑鱼	带鱼	大西洋鲑	海鳗	远东拟沙丁鱼	鲐鱼	猪瘦肉	凡纳对虾
异亮氨酸	0.99	0.65	0.95	0.60	0.83	0.83	0.88	0.90	0.77	0.78	0.93	0.76
亮氨酸	0.97	0.82	0.98	0.73	0.90	0.90	1.01	1.15	0.88	0.87	1.03	0.65
赖氨酸	1.32	1.04	1.51	0.95	1.24	1.24	1.36	1.36	1.06	1.15	1.16	0.80
蛋氨酸+胱氨酸	1.33	0.54	0.90	0.47	0.56	0.56	0.68	0.69	0.62	1.60	0.59	0.50
苯丙氨酸+酪氨酸	1.08	0.69	1.01	0.63	0.76	0.76	0.85	0.89	0.59	0.96	0.91	0.62
苏氨酸	0.92	0.64	0.86	0.53	0.86	0.86	1.07	1.01	1.00	1.17	1.12	0.71
缬氨酸	0.83	1.05	0.79	0.56	0.72	0.72	0.78	0.88	0.74	0.63	0.91	0.49
色氨酸	0.86	1.15	—	0.13	—	0.68	0.67	0.51	—	—	0.77	0.21
EAAI	—	79.61	98.00	51.38	85.07	—	88.92	—	—	—	—	51.20
数据来源	杨金生	韩现芹	宋理平	刘慧慧	林建斌	许星鸿	邢 薇	曾少葵	缪圣赐	刘露	舒妙安	李晓

注：1.“—”表示未检测；

2. CS=待测蛋白质中某种氨基酸含量（mg/g）/全鸡蛋蛋白质中同种氨基酸含量（mg/g）。

表4–4　10种海水鱼肌肉中多不饱和脂肪酸组成与其他食物的比较（相对含量）

脂肪酸	黄鳍金枪鱼	褐牙鲆	大菱鲆	小黄鱼	青石斑鱼	带鱼	大西洋鲑	海鳗	远东拟沙丁鱼	鲐鱼	猪瘦肉	鸡蛋	凡纳对虾
亚油酸/%	0.50	1.80	4.31	1.72	1.00	2.90	16.97	0.36	1.11	2.13	10.30	14.20	20.83
亚麻酸/%	0.00	1.60	2.84	0.57	0.30	5.17	0.39	0.00	0.80	1.51	0.90	0.10	6.28
花生二烯酸/%	0.00	0.20	1.73	0.46	0.00	2.58	1.74	0.00	0.30	0.00	0.00	0.00	0.98
花生三烯酸/%	0.00	0.00	0.93	0.00	0.10	2.70	0.53	1.35	0.16	0.00	0.00	0.00	0.18
花生四烯酸/%	5.11	1.40	3.06	2.03	2.00	4.26	0.91	0.00	0.00	1.16	0.20	0.60	0.75
二十碳五烯酸（EPA）/%	4.11	6.70	9.58	4.42	3.70	2.87	9.46	3.53	17.29	5.90	0.00	0.00	6.60
二十二碳二烯酸/%	0.00	0.00	0.00	0.00	0.00	0.00	0.00	0.00	0.85	0.00	0.00	0.00	0.00
二十二碳三烯酸/%	0.00	0.00	0.00	0.00	0.00	0.00	0.00	0.00	0.00	0.00	0.00	0.00	0.09
二十二碳四烯酸/%	0.00	0.00	0.00	0.00	0.00	0.00	0.00	0.00	0.00	0.00	0.00	0.00	2.45
二十二碳五烯酸（DPA）/%	0.00	2.30	3.63	1.35	3.60	0.00	0.00	0.00	0.00	0.00	0.00	0.00	0.36
二十二碳六烯酸（DHA）/%	39.17	21.70	19.26	17.41	15.40	14.08	11.77	9.36	8.29	7.91	0.00	0.00	1.98
EPA+DHA/%	43.28	28.40	28.84	21.83	19.10	16.95	21.23	12.89	25.58	13.81	0.00	0.00	8.58
多不饱和脂肪酸总量/%	48.89	35.70	45.34	27.96	26.10	34.56	41.77	14.6	28.80	18.61	11.40	14.90	40.50
数据来源	罗 殷	刘 旭	宋理平	刘慧慧	刘 旭	揭 珍	刁全平	赵 辉	朱建龙	张雪琰	舒妙安	舒妙安	李 晓

表4-5　10种海水鱼肌肉中无机盐含量与其他食物的比较

食物种类	钠 /（mg/100g）	钾 /（mg/100g）	钙 /（mg/100g）	镁 /（mg/100g）	磷 /（mg/100g）	铁 /（mg/100g）	锌 /（mg/100g）	铜 /（mg/100g）	锰 /（mg/100g）	硒 /（μg/100g）	钴 /（μg/100g）
黄鳍金枪鱼	88	477	10.0	23.0	243.0	0.41	1.04	8.20	0.50	16.70	0.00
褐牙鲆	42	430	23.0	30.0	240.0	0.10	0.50	0.02	0.02	0.00	0.00
大菱鲆	150	238	18.0	51.0	129.0	0.40	0.22	0.00	0.00	0.00	0.00
小黄鱼	103	228	78.0	28.0	188.0	0.90	0.94	0.04	0.05	55.20	0.00
青石斑鱼	75	350	80.0	27.0	200.0	0.40	0.40	0.05	0.00	0.00	0.00
带鱼	150	280	28.0	43.0	191.0	1.20	0.70	0.08	0.17	36.60	0.00
大西洋鲑	57	330	20.0	24.00	200.0	0.80	0.40	0.00	0.00	26.00	0.00
海鳗	66	450	78.4	48.1	169.4	1.20	0.89	0.01	0.41	17.00	2.00
远东拟沙丁鱼	120	310	70.0	34.0	230.0	1.80	1.10	0.14	0.05	0.00	0.00
鲐鱼	88	263	50.0	47.0	247.0	1.50	1.02	0.09	0.04	58.00	0.00
猪瘦肉	58	305	6.0	25.0	189.0	3.00	2.99	0.11	0.03	9.5	0.00
鸡蛋	132	154	56.0	10.0	130.0	2.00	1.10	0.15	0.04	14.30	0.00
凡纳对虾	165	215	62.0	43.0	228.0	1.50	2.38	0.34	0.12	33.70	0.00

表4-6　10种海水鱼肌肉中维生素含量与其他食物的比较

食物种类	维生素A /（μg/100g）	维生素D /（μg/100g）	维生素E /（mg/100g）	维生素K /（μg/100g）	维生素B_1 /（mg/100g）	维生素B_2 /（mg/100g）	维生素B_6 /（mg/100g）	维生素B_{12} /（μg/100g）	维生素C /（mg/100g）	烟酸 /（mg/100g）	叶酸 /（μg/100g）	泛酸 /（mg/100g）
黄鳍金枪鱼	48.40	0.81	1.40	0.00	0.002	0.03	0.27	5.80	0.00	5.46	5.00	0.36
褐牙鲆	21.00	18.00	1.40	0.00	0.08	0.33	0.45	1.30	3.00	6.00	13.00	0.83
大菱鲆	11.00	0.00	0.00	0.00	0.07	0.10	0.21	2.00	1.70	3.20	8.00	0.00
小黄鱼	0.00	0.00	1.19	0.00	0.04	0.04	0.00	0.00	0.00	2.30	0.00	0.00
青石斑鱼	11.00	1.00	1.50	0.00	0.07	0.17	0.00	1.50	2.00	1.60	5.00	0.37
带鱼	29.00	0.00	0.82	0.00	0.02	0.06	0.00	0.00	0.00	2.80	0.00	0.00
大西洋鲑	30.00	12.50	1.30	0.00	0.23	0.10	0.98	6.20	0.00	6.00	26.00	0.00
海鳗	59.00	5.00	1.10	0.00	0.04	0.18	0.23	1.90	1.00	3.80	21.00	0.46
远东拟沙丁鱼	40.00	10.00	0.70	0.00	0.03	0.36	0.44	9.50	0	8.20	11.00	1.17
鲐鱼	11.00	1.00	1.50	0.00	0.07	0.17	0	1.50	2.00	1.60	5.00	0.37
猪瘦肉	44.00	0.00	0.34	0.00	0.34	0.10	0.00	0.00	0.00	5.30	0.00	0.00
鸡蛋	234.00	0.00	1.84	0.00	0.11	0.27	0.00	0.00	0.00	0.20	0.00	0.00
凡纳对虾	15.00	0.00	0.62	0.00	0.01	0.07	0.00	0.00	0.00	1.70	0.00	0.00

4.2 10种常见高DHA含量淡水鱼的营养价值

4.2.1 鲈鱼的营养价值

目前，我国养殖的鲈鱼主要有花鲈和加州鲈（又名大口黑鲈）2种。花鲈是一种广泛分布于我国沿海和河口地区的广盐性肉食性经济鱼类，在我国广东、福建、浙江、江苏、山东、河北等省的海水网箱和淡水池塘已开展大面积养殖，并取得了较好的效益。加州鲈原产于美国，是一种淡水鱼，适宜在内陆池塘或网箱中养殖。

4.2.1.1 加州鲈肌肉中常规成分含量及营养评价

加州鲈肉质纯白细嫩，味道鲜美可口，抗病力强，生长快，易起捕，是淡水鱼类中的名贵鱼类。据检测，加州鲈肌肉中蛋白质含量为19.70g/100g鲜肉，稍低于史氏鲟、黑鱼、鲫鱼和猪瘦肉，与野鲮持平，但高于其他5种淡水鱼以及凡纳对虾，远高于鸡蛋，为鸡蛋1.54倍。脂肪含量为1.40g/100g鲜肉，稍高于凡纳对虾，低于野生深黄大斑鳝和鲫鱼，远低于野生鲶鱼、鸡蛋和猪瘦肉；热量为415kJ/100g鲜肉，稍低于凡纳对虾，但远低于鸡蛋和猪瘦肉。因此，加州鲈是一种高蛋白质、低脂肪、低热量的食物（表4-7）。

4.2.1.2 加州鲈肌肉中必需氨基酸含量及营养评价

加州鲈肌肉中含有必需氨基酸（EEA）8种，总含量为7.51g/100g鲜肉，低于猪瘦肉和凡纳对虾，但高于鸡蛋。其中，亮氨酸含量为1.90g/100g鲜肉，稍低于鲫鱼，但高于其他8种淡水鱼以及猪瘦肉、凡纳对虾和鸡蛋，分别是猪瘦肉、凡纳对虾和鸡蛋的1.11倍、1.25倍和1.81倍（表4-8）。

从肌肉氨基酸的化学评分（CS）来看，其第一限制性氨基酸为蛋氨酸+胱氨酸，其CS为0.52，但其他7种EAA的CS均大于0.60，氨基酸指数（EAAI）为74.55，说明加州鲈的氨基酸比较平衡，利于人体消化吸收（表4-9）。

4.2.1.3 花鲈肌肉中多不饱和脂肪酸含量及营养评价

花鲈肌肉中检测出6种多不饱和脂肪酸（PUFA），其总量占脂肪酸总数的44.32%，稍高于凡纳对虾，而远高于鸡蛋和猪瘦肉，分别是鸡蛋和猪瘦肉的2.97倍和3.89倍；其中，二十碳五烯酸（EPA）占比达7.38%，高于史氏鲟、黑鱼、黄颡和野生深黄大斑鳝，稍高于凡纳对虾；二十二碳六烯酸（DHA）占比达21.65%，位居10种淡水鱼之首，也远高于凡纳对虾，是凡纳对虾的10.93倍；另外，在10种淡水鱼的肌肉中，只有野生深黄大斑鳝和花鲈检测出含有二十二碳五烯酸（DPA），花鲈的DPA占比为1.22%，低于野生深黄大斑鳝，但远高于凡纳对虾，是凡纳对虾的3.39倍。可见，花鲈脂肪中含有非常丰富的多不饱和脂肪酸（表4-10）。

4.2.1.4 花鲈肌肉中无机盐含量及营养评价

淡水养殖的花鲈肌肉中含有钠、钾、钙、镁、磷5种常量元素和铁、锌、铜、锰、硒5种微量元素。其中，常量元素钙的含量达138mg/100g鲜肉，稍低于野生深黄大斑鳝和黑鱼，但远高于其他7种淡水鱼，也远高于凡纳对虾、鸡蛋和猪瘦肉，分别是凡纳对虾、鸡蛋和猪瘦肉的2.22倍、2.46倍和23倍；磷含量达242mg/100g鲜肉，位居10种淡水鱼的第2位，低于野生鲶鱼，但高于其他8种淡水鱼以及凡纳对虾、猪瘦肉和鸡蛋；微量元素锌含量为2.83mg/100g鲜肉，位居10种淡水鱼之首，稍低于猪瘦肉，但高于凡纳对虾和鸡蛋；微量元素硒的含量达33.10μg/100g鲜肉，与凡纳对虾基本持平，但分别是鸡蛋和猪瘦肉的2.31倍和3.48倍（表4-11）。

4.2.1.5 鲈鱼肌肉中维生素含量及营养评价

鲈鱼肌肉中含有维生素A、维生素D、维生素E、维生素B_1、维生素B_2和烟酸6种维生素，其中，维生素D含量达30.00μg/100g鲜肉，是史氏鲟的2.91倍，其他8种淡水鱼以及猪瘦肉、鸡蛋、凡纳对虾均未检测到维生素D；维生素E、维生素B_2含量高于猪瘦肉和凡纳对虾；而烟酸含量远高于凡纳对虾和鸡蛋，分别是凡纳对虾和鸡蛋的1.82倍和15.5倍（表4-12）。

4.2.2 黑鱼的营养价值

黑鱼，学名乌鳢，因其骨刺少，肉味鲜美，具有去瘀生新、生肌补血、滋补调养、利尿祛风、促进伤口愈合等功效。因此日益受到消费者的青睐，市场需求越来越大。

4.2.2.1 黑鱼肌肉中常规成分含量及营养评价

黑鱼肌肉中蛋白质含量达20.03g/100g鲜肉，稍低于史氏鲟和猪瘦肉，但高于其他8种淡水鱼以及凡纳对虾，而远高于鸡蛋，是鸡蛋蛋白质含量的1.56倍；其脂肪含量仅0.77g/100g鲜肉，稍高于史氏鲟，但低于其他8种淡水鱼，也低于凡纳对虾，远低于鸡蛋和猪瘦肉；热量仅为390kJ/100g鲜肉，低于凡纳对虾，远低于鸡蛋和猪瘦肉。因此，黑鱼肌肉是一种高蛋白质、低脂肪、低热量的食物（表4-7）。

4.2.2.2 黑鱼肌肉中必需氨基酸含量及营养评价

野生黑鱼共检测出17种氨基酸，包括必需氨基酸（EAA）7种（色氨酸未检测），EAA总量为7.35g/100g鲜肉。其中，苯丙氨酸+酪氨酸含量达1.70g/100g鲜肉，居10种淡水鱼之首，高于猪瘦肉、凡纳对虾和鸡蛋；赖氨酸含量为1.56g/100g鲜肉，也高于猪瘦肉、凡纳对虾和鸡蛋（表4-8）。

从氨基酸的化学评分（CS）来看，第一限制性氨基酸是蛋氨酸+胱氨酸，其CS为0.40；第二限制性氨基酸是缬氨酸，其CS为0.52，其他EAA的CS都在0.6以上，而赖氨酸、苯丙氨酸+酪氨酸的CS均大于1.0。必需氨基酸指数（EAAI）为63.48，高于凡纳对虾。可见，黑鱼肌肉蛋白质中氨基酸比较平衡，易于被人体消化利用（表4-9）。

4.2.2.3 黑鱼肌肉中多不饱和脂肪酸含量及营养评价

黑鱼肌肉脂肪中含有7种多不饱和脂肪酸（PUFA），占比为41.79%，高于凡纳对虾，远高于鸡蛋和猪瘦肉。其中，二十碳五烯酸（EPA）占比4.75%，高于黄颡和野生深黄大斑鳝，低于其他7种淡水鱼以及凡纳对虾；二十二碳六烯酸

（DHA）占比15.00%，低于花鲈，但高于其他8种淡水鱼，远高于凡纳对虾，是凡纳对虾的7.58倍（表4-10）。

4.2.2.4 黑鱼肌肉中无机盐含量及营养评价

黑鱼肌肉中含有钠、钾、钙、镁、磷5种常量元素和铁、锌、铜、锰、硒5种微量元素。其中，钙含量达152mg/100g鲜肉，位居10种淡水鱼的第2位，低于野生深黄大斑鳝，但高于其他8种淡水鱼以及凡纳对虾、鸡蛋和猪瘦肉，分别是凡纳对虾、鸡蛋和猪瘦肉的2.45倍、2.71倍和25.33倍；磷含量达232mg/100g鲜肉，低于野生鲶鱼、花鲈和鳙鱼，但高于其他6种淡水鱼以及凡纳对虾、猪瘦肉和鸡蛋（表4-11）。

4.2.2.5 黑鱼肌肉中维生素含量及营养评价

黑鱼肌肉中含有维生素A、维生素E、维生素B_1、维生素B_2和烟酸5种维生素，其中，维生素E含量为0.97mg/100g鲜肉，高于凡纳对虾，远高于猪瘦肉，为猪瘦肉2.85倍；烟酸含量为2.50mg/100g鲜肉，低于猪瘦肉，但高于凡纳对虾和鸡蛋，分别是凡纳对虾和鸡蛋的1.47倍和12.5倍（表4-12）。

4.2.3 鲮鱼的营养价值

由于野鲮具有生长快、产量高、养殖面积大等优势，现以野鲮为例，介绍鲮鱼的营养价值。

4.2.3.1 野鲮肌肉中常规成分含量及营养评价

野鲮肌肉中蛋白质含量达19.70g/100g鲜肉，稍低于史氏鲟、黑鱼、鲫鱼和猪瘦肉，但高于其他6种淡水鱼以及凡纳对虾，远高于鸡蛋，是鸡蛋蛋白质含量的1.54倍；其脂肪含量为1.68g/100g鲜肉，远低于野生鲶鱼、野生深黄大斑鳝、鲫鱼以及鸡蛋和猪瘦肉，稍低于鳙鱼，高于黄颡、鳜鱼、加州鲈、黑鱼和史氏鲟；热量仅为404kJ/100g鲜肉，稍低于凡纳对虾，而远低于鸡蛋和猪瘦肉。因此，野鲮肌肉也是一种高蛋白质、低脂肪、低热量的优质食物（表4-7）。

4.2.3.2 野鲮肌肉中必需氨基酸含量及营养评价

野鲮肌肉中共检测出17种氨基酸，其中，有7种必需氨基酸（EAA）（色氨酸未检测），EAA总量占7.67g/100g鲜肉；其中，赖氨酸含量较高，达1.73g/100g鲜肉，低于史氏鲟、鳙鱼和野生深黄大斑鳝，但高于其他6种淡水鱼以及猪瘦肉和凡纳对虾，远高于鸡蛋（表4-8）。

从氨基酸的化学评分（CS）来看，其第一限制性氨基酸为苯丙氨酸+酪氨酸，其CS为0.46，第二限制性氨基酸为蛋氨酸+胱氨酸，其CS为0.49，其他EAA的CS都在0.7以上，而赖氨酸、亮氨酸和苏氨酸的CS均大于或等于1.0。相比猪瘦肉和凡纳对虾来说，野鲮肌肉蛋白质中EAA的平衡性较差。但是，赖氨酸的含量高这一点，对以谷物、鸡蛋为主的国人来说具有重要意义（表4-9）。

4.2.3.3 野鲮肌肉中多不饱和脂肪酸含量及营养评价

野鲮肌肉脂肪中含有8种多不饱和脂肪酸（PUFA），占比高达47.28%，居于10种淡水鱼第2位，也高于凡纳对虾，远高于鸡蛋和猪瘦肉。其中，二十碳五烯酸（EPA）为12.43%，稍低于鳜鱼、鲫鱼和鳙鱼，远高于其他6种淡水鱼以及凡纳对虾，为凡纳对虾的1.88倍；二十二碳六烯酸（DHA）占比达13.46%，低于鲈鱼和黑鱼，但高于其他7种淡水鱼以及凡纳对虾，为凡纳对虾的6.80倍（表4-10）。

4.2.3.4 野鲮肌肉中无机盐含量及营养评价

野鲮肌肉中含有钠、钾、钙、镁、磷5种常量元素和铁、锌、铜、锰、硒5种微量元素。其中，微量元素硒的含量达48.10μg/100g鲜肉，居于10种淡水鱼之首，也高于凡纳对虾，远高于鸡蛋和猪瘦肉，分别是鸡蛋和猪瘦肉的3.36倍和5.06倍（表4-11）。

4.2.3.5 野鲮肌肉中维生素含量及营养评价

野鲮肌肉中含有维生素A、维生素E、维生素B_1、维生素B_2和烟酸5种维生素，其中，维生素A含量为125.00μg/100g鲜肉，低于鸡蛋和史氏鲟，居于10种淡水鱼的第2位，但远高于其他8种淡水鱼以及猪瘦肉和凡纳对虾，分别是猪瘦肉和凡纳对虾的2.84倍和8.33倍；维生素E含量为1.54mg/100g鲜肉，居于10种淡水鱼的第2位，稍低于鳙鱼和鸡蛋，但远高于其他8种淡水鱼以及凡纳对虾和猪瘦肉，分别是凡纳对虾和猪瘦肉的2.48倍和4.53倍；烟酸含量为3.00mg/100g鲜肉，低于猪瘦肉，但远高于凡纳对虾和鸡蛋，分别是凡纳对虾和鸡蛋的1.76倍和15倍（表4-12）。

4.2.4 鲫鱼的营养价值

4.2.4.1 鲫鱼肌肉中常规成分含量及营养评价

鲫鱼肌肉中蛋白质含量达19.80g/100g鲜肉，稍低于史氏鲟、黑鱼和猪瘦肉，高于其他7种淡水鱼以及凡纳对虾，远高于鸡蛋，是鸡蛋的1.55倍。脂肪含量为4.20g/100g鲜肉，低于野生鲶鱼和野生深黄大斑鳝，也远低于鸡蛋和猪瘦肉，但高于其他7种淡水鱼以及凡纳对虾，是凡纳对虾的3.93倍；热量为497kJ/100g鲜肉，高于凡纳对虾，而远低于鸡蛋和猪瘦肉。因此，鲫鱼肌肉是一种高蛋白质、中脂肪、低热量的优质食物（表4-7）。

4.2.4.2 鲫鱼肌肉中必需氨基酸含量及营养评价

鲫鱼肌肉中含有18种氨基酸，有8种必需氨基酸（EAA），EAA总量为7.68g/100g鲜肉。其中，亮氨酸含量高达1.97g/100g鲜肉，居于10种淡水鱼之首，也高于猪瘦肉、凡纳对虾和鸡蛋，分别是猪瘦肉、凡纳对虾和鸡蛋的1.15倍、1.30倍和1.88倍。亮氨酸的作用包括：与异亮氨酸和缬氨酸一起合作修复肌肉，控制血糖，并给身体组织提供能量；它还提高生长激素的产量，并帮助燃烧内脏脂肪；由于它很容易转化为葡萄糖，因此亮氨酸有助于调节血糖水平。亮氨酸缺乏的人会出现类似低血糖的症状，如头痛、头晕、疲劳、抑郁、精神错乱和易怒等。因此，鲫鱼可作为补充亮氨酸的首选鱼类（表4-8）。

从氨基酸的化学评分（CS）来看，其第一限制性氨基酸为蛋氨酸+胱氨酸，其CS为0.50；第二限制性氨基酸是色氨酸，其CS为0.57，其他6种EAA的CS都在0.6以上，而亮氨酸、苯丙氨酸+酪氨酸的CS均大于1.0；必需氨基酸指数（EAAI）为70.80。由此可见，鲫鱼肌肉蛋白质中EAA的平衡性较好，易于被人体消化吸收（表4-9）。

4.2.4.3 鲫鱼肌肉中多不饱和脂肪酸含量及营养评价

鲫鱼肌肉脂肪中含有7种多不饱和脂肪酸（PUFA），占脂肪酸总量的41.92%，低于野鲮、鳜鱼、史氏鲟、花鲈、野生鲶鱼和鳙鱼，高于其他3种淡水鱼以及凡纳对虾，远高于鸡蛋和猪瘦肉。其中，二十碳五烯酸（EPA）高达13.26%，与鳜鱼并列排在10种淡水鱼首位，高于其他8种淡水鱼以及凡纳对虾，为凡纳对虾的2.01倍；二十二碳六烯酸（DHA）为11.91%，低于花鲈、黑鱼和野鲮，但高于其他6种淡水鱼以及凡纳对虾，为凡纳对虾的6.02倍（表4-10）。

4.2.4.4 鲫鱼肌肉中无机盐含量及营养评价

鲫鱼肌肉中含有钠、钾、钙、镁、磷5种常量元素和铁、锌、铜、锰、硒5种微量元素。其中，钙含量为79mg /100g鲜肉，稍高于凡纳对虾和鸡蛋，远高于猪瘦肉，是猪瘦肉的13.17倍；磷含量为193mg /100g鲜肉，稍低于凡纳对虾，稍高于猪瘦肉，但远高于鸡蛋，是鸡蛋的1.48倍；微量元素锌的含量达1.94mg/100g鲜肉，居于10种淡水鱼的第3位，低于花鲈和野生深黄大斑鳝，也低于猪瘦肉和凡纳对虾，但远高于其他7种淡水鱼以及鸡蛋，为鸡蛋的1.76倍（表4-11）。

4.2.4.5 鲫鱼肌肉中维生素含量及营养评价

鲫鱼肌肉中含有脂溶性维生素A、维生素E以及水溶性维生素B_1、维生素B_2、烟酸5种维生素，其中，维生素E含量为0.68mg/100g鲜肉，低于鸡蛋，但高于凡纳对虾和猪瘦肉；烟酸含量为2.50mg/100g鲜肉，低于猪瘦肉，高于凡纳对虾，远高于鸡蛋，为鸡蛋的12.5倍（表4-12）。

4.2.5 鲟鱼的营养价值

我国目前养殖的鲟鱼品种有俄罗斯鲟、欧洲鲟、小体鲟、匙吻鲟、杂交鲟等十几个品种，由于鲟鱼种类繁多，无法逐一介绍，下面以史氏鲟为例评价其营养价值。

4.2.5.1 史氏鲟肌肉中常规成分含量及营养评价

史氏鲟肌肉中蛋白质含量达20.86g/100g鲜肉，高居10种淡水鱼之首，也高于猪瘦肉和凡纳对虾，远高于鸡蛋，是鸡蛋的1.63倍。脂肪含量很低，仅为0.64g/100g鲜肉，低于其他9种淡水鱼以及凡纳对虾，远低于鸡蛋和猪瘦肉，分别是鸡蛋和猪瘦肉的5.77%和10.32%；热量仅为381kJ/100g鲜肉，稍低于凡纳对虾，而远低于鸡蛋和猪瘦肉。可见，史氏鲟肌肉是一种高蛋白质、低脂肪、低热量的优质食物（表4-7）。

4.2.5.2 史氏鲟肌肉中必需氨基酸含量及营养评价

史氏鲟肌肉蛋白质中包含18种氨基酸，其中，必需氨基酸（EAA）8种，EAA总量9.39g/100g鲜肉，居于10种淡水鱼类之首，也远高于猪瘦肉、凡纳对虾和鸡蛋。赖氨酸含量高达2.03g/100g鲜肉，高居10种淡水鱼之首，也高于猪瘦肉、凡纳对虾和鸡蛋，分别是猪瘦肉、凡纳对虾和鸡蛋的1.32倍、1.42倍和2.39倍；蛋氨酸+胱氨酸含量0.79g/100g鲜肉，居于10种淡水鱼第2位，也高于猪瘦肉、凡纳对虾和鸡蛋（表4-8）。

从氨基酸的化学评分（CS）来看，其8种EAA的CS都在0.7以上，而赖氨酸、苯丙氨酸+酪氨酸的CS均大于1.0，其必需氨基酸指数（EAAI）高达119.36。由此可见，鲟鱼肌肉蛋白质中EAA不仅含量丰富，而且平衡性非常高，是10种淡水鱼中最为优质的鱼肉蛋白质（表4-9）。

4.2.5.3 史氏鲟肌肉中多不饱和脂肪酸含量及营养评价

史氏鲟肌肉脂肪中含有7种多不饱和脂肪酸（PUFA），占脂肪酸总量的45.88%，仅次于野鲮和鳜鱼，位居淡水鱼的第3位。其中，二十碳五烯酸（EPA）为4.98%，高于黑鱼、黄颡和野生深黄大斑鳝，低于其他6种淡水鱼以及凡纳对虾；二十二碳六烯酸（DHA）占比为11.47%，低于花鲈、黑鱼、野鲮和鲫鱼，但高于其他5种淡水鱼以及凡纳对虾，为凡纳对虾的5.79倍（表4-10）。

4.2.5.4 史氏鲟肌肉中无机盐含量及营养评价

史氏鲟肌肉中含有钠、钾、钙、镁、磷5种常量元素和铁、锌2种微量元素，其中，磷的含量达211mg /100g鲜肉，稍低于凡纳对虾，但比猪瘦肉和鸡蛋都高，分别是猪瘦肉和鸡蛋的1.12倍、1.62倍（表4-11）。

4.2.5.5 史氏鲟肌肉中维生素含量及营养评价

史氏鲟肌肉中含有脂溶性维生素A、维生素D、维生素E、维生素K以及水溶性维生素B_1、维生素B_2、维生素B_6、维生素B_{12}、烟酸、叶酸共10种维生素。维生素D、维生素K、维生素B_6、维生素B_{12}和叶酸5种维生素在猪瘦肉、鸡蛋和凡纳对虾中未检测到；维生素A含量高达210.00μg/100g鲜肉，高居10种淡水鱼之首，并且远高于其他9种淡水鱼，虽然稍低于鸡蛋，但远高于猪瘦肉和凡纳对虾，分别是猪瘦肉和凡纳对虾的4.77倍和14倍；而烟酸含量高达8.30mg/100g鲜肉，高居10种淡水鱼之首，远高于猪瘦肉、凡纳对虾和鸡蛋，分别是猪瘦肉、凡纳对虾和鸡蛋的1.57倍、4.88倍和41.50倍。另外，史氏鲟肌肉中还含有维生素K和叶酸，这在其他9种淡水鱼中尚未检测到。可见，史氏鲟肌肉中含有的维生素相当丰富（表4-12）。

4.2.6 鳜鱼的营养价值

鳜鱼肉质细嫩、营养丰富，是我国重要的名贵经济鱼类。

4.2.6.1 鳜鱼肌肉中常规成分含量及营养评价

鳜鱼肌肉中蛋白质含量达19.03g/100g鲜肉，稍低于史氏鲟、黑鱼、鲫鱼、野鲮和加州鲈以及猪瘦肉，但高于其他4种淡水鱼以及凡纳对虾和鸡蛋，是鸡蛋的1.49倍。脂肪含量1.41g/100g鲜肉，高于史氏鲟和黑鱼，与加州鲈基本持平，低于其他6种淡水鱼，稍高于凡纳对虾，但远低于鸡蛋和猪瘦肉，分别是鸡蛋和猪瘦肉的12.70%和22.74%；热量仅为374kJ/100g鲜肉，稍低于史氏鲟和凡纳对虾，而远低于鸡蛋和猪瘦肉。可见，鳜鱼肌肉是一种高蛋白质、低脂肪、低热量的优质食物（表4-7）。

4.2.6.2 鳜鱼肌肉中必需氨基酸含量及营养评价

鳜鱼肌肉蛋白质中包含17种氨基酸（色氨酸未检测），其中，必需氨基酸（EAA）7种，EAA总量为7.73g/100g鲜肉，稍低于猪瘦肉和凡纳对虾，但远高于鸡蛋。蛋氨酸+胱氨酸含量0.80g/100g鲜肉，苏氨酸含量达0.96g/100g

鲜肉，都居于10种淡水鱼之首，均高于猪瘦肉、凡纳对虾和鸡蛋；赖氨酸含量1.51g/100g，与猪瘦肉基本持平，但远高于鸡蛋（表4-8）。

从氨基酸的化学评分（CS）来看，7种EAA的CS都在0.70以上，而赖氨酸、蛋氨酸+胱氨酸、苏氨酸的CS均大于1.0；必需氨基酸指数（EAAI）达88.77。由此可见，鳜鱼肌肉蛋白质中EAA含量相当丰富，而且其平衡性好，是10种淡水鱼中仅次于史氏鲟的优质鱼肉蛋白质（表4-9）。

4.2.6.3 鳜鱼肌肉中多不饱和脂肪酸含量及营养评价

鳜鱼肌肉脂肪中含有8种多不饱和脂肪酸（PUFA），占脂肪酸总量的47.32%。其中，花生四烯酸占比达9.85%，居于10种淡水鱼之首，也远高于凡纳对虾、鸡蛋和猪瘦肉，分别是凡纳对虾、鸡蛋和猪瘦肉的13.13倍、16.42倍和49.25倍。花生四烯酸是一种ω-6系列多不饱和脂肪酸，在血液、肝脏、肌肉和其他器官系统中作为磷脂结合的结构脂类起重要作用，是人体大脑和视神经发育的重要物质，对提高智力和增强视敏度具有重要作用，对预防心脑血管疾病、糖尿病和肿瘤等具有重要功效。二十碳五烯酸（EPA）高达13.26%，与鲫鱼并列排在10种淡水鱼之首，远高于凡纳对虾，为其2.01倍；二十二碳六烯酸（DHA）达11.16%，低于花鲈、黑鱼、野鲮、鲫鱼和史氏鲟，排在10种淡水鱼的第6位，但远高于凡纳对虾，为其5. 64倍（表4-10）。

4.2.6.4 鳜鱼肌肉中无机盐含量及营养评价

鳜鱼肌肉中含有钠、钾、钙、镁、磷5种常量元素和铁、锌、铜、锰、硒5种微量元素。其中，钙含量为63mg/100g鲜肉，稍高于凡纳对虾和鸡蛋，远高于猪瘦肉，是猪瘦肉的10.5倍；磷含量为217mg/100g鲜肉，稍低于凡纳对虾，稍高于猪瘦肉，但远高于鸡蛋，是鸡蛋的1.67倍；微量元素硒的含量达26.50μg/100g鲜肉，稍低于凡纳对虾，但远高于猪瘦肉和鸡蛋，分别是鸡蛋和猪瘦肉的1.85倍和2.79倍（表4-11）。

4.2.6.5 鳜鱼肌肉中维生素含量及营养评价

鳜鱼肌肉中含有脂溶性维生素A、维生素E以及水溶性维生素B_1、维生素B_2、烟酸共计5种维生素，其中，维生素E含量为0.87mg/100g鲜肉，低于鸡蛋，但高于凡纳对虾和猪瘦肉；而烟酸含量为5.90mg/100g鲜肉，位居10种淡水鱼的第2位，低于史氏鲟，稍高于猪瘦肉，但远高于凡纳对虾和鸡蛋，分别是凡纳对虾和鸡蛋的3.47倍和29.5倍（表4-12）。

4.2.7 鲶鱼的营养价值

鲶鱼，同鲇鱼。种类较多，常见有鲶鱼（土鲶）、大口鲶、胡子鲶（塘鲺）、革胡子鲶（埃及胡子鲶）。本文以洞庭湖野生鲶鱼（俗称土鲶）为例评价其营养价值。

4.2.7.1 野生鲶鱼肌肉中常规成分含量及营养评价

野生鲶鱼肌肉中蛋白质含量为16.49g/100g鲜肉，高于黄颡，远高于鸡蛋，是其1.29倍，但低于其他8种淡水鱼以及猪瘦肉和凡纳对虾；脂肪含量为8.19g/100g鲜肉，高居10种淡水鱼之首，也高于猪瘦肉和凡纳对虾，分别是猪瘦肉和凡纳对虾的1.32倍和7.65倍，但低于鸡蛋；热量为599kJ/100g鲜肉，居于10种淡水鱼之首，与猪瘦肉基本持平，稍低于鸡蛋，但远高于凡纳对虾。可见，鲶鱼肌肉是一种高蛋白质、高脂肪、高热量的食物（表4-7）。

4.2.7.2 野生鲶鱼肌肉中必需氨基酸含量及营养评价

野生鲶鱼背部肌肉蛋白质中包含17种氨基酸（色氨酸未检测），其中，包括必需氨基酸（EAA）7种，EAA总量占6.50%，低于猪瘦肉和凡纳对虾，但稍高于鸡蛋；蛋氨酸+胱氨酸含量为0.62g/100g鲜肉，稍低于猪瘦肉，但稍高于鸡蛋，和凡纳对虾持平；赖氨酸含量1.40g/100g鲜肉，与凡纳对虾基本持平，低于猪瘦肉，但远高于鸡蛋（表4-8）。

从氨基酸的化学评分（CS）来看，第一限制性氨基酸为蛋氨酸+胱氨酸，其CS为0.61；第二限制性氨基酸为缬氨酸，其CS为0.65；其他5种EAA的CS都在0.70以上，而赖氨酸的CS大于1.0；必需氨基酸指数（EAAI）达81.56。由此看见，野生鲶鱼肌肉蛋白质中EAA含量充足，其平衡性比较好，易于被人体消化吸收（表4-9）。

4.2.7.3 野生鲶鱼肌肉中多不饱和脂肪酸含量及营养评价

野生鲶鱼肌肉脂肪中含有8种多不饱和脂肪酸（PUFA），占脂肪酸总量的41.96%。其中，二十碳五烯酸（EPA）占比达9.14%，排在10种淡水鱼的第5位，低于鳜鱼、鲫鱼、鳙鱼和野鲮，高于其他5种淡水鱼以及凡纳对虾，为凡纳对虾的1.38倍；二十二碳六烯酸（DHA）占比达10.84%，高于黄颡、鳙鱼和野生深黄大斑鳍，远高于凡纳对虾，为凡纳对虾的5. 47倍（表4-10）。

4.2.7.4 野生鲶鱼肌肉中无机盐含量及营养评价

目前，野生鲶鱼肌肉中无机盐的检测数据很少，现有的数据表明，鲶鱼肌肉中仅测定出了钙、磷、铁3种无机盐，其中，常量元素磷的含量高达282mg/100g鲜肉，高居10种淡水鱼首位，也高于凡纳对虾和猪瘦肉，远高于鸡蛋，是鸡蛋的2.17倍；铁含量高达8.10mg/100g鲜肉，居于10种淡水鱼之首，也远高于猪瘦肉、凡纳对虾和鸡蛋，分别是猪瘦肉、凡纳对虾和鸡蛋的2.70倍、5.40倍和4.05倍。由此可见，野生鲶鱼肌肉是人体补充磷和铁的最好食物之一（表4-11）。

4.2.7.5 野生鲶鱼肌肉中维生素含量及营养评价

有关野生鲶鱼肌肉中维生素含量的检测数据也很少，目前的检测数据表明，鲶鱼肌肉中仅含有水溶性维生素B_1、维生素B_2和烟酸3种维生素。其中，维生素B_1含量达0.20 mg/100g鲜肉，高居10种淡水鱼首位，低于猪瘦肉，稍高于鸡蛋，而远高于凡纳对虾，为凡纳对虾的20倍；维生素B_2含量为0.24mg/100g鲜肉，稍低于鸡蛋，但高于猪瘦肉和凡纳对虾，分别是猪瘦肉和凡纳对虾的2.40倍和3.43倍（表4-12）。

4.2.8 黄颡的营养价值

黄颡因其肉质细嫩，味鲜美，鱼刺少而颇受消费者青睐。近几年来，因黄颡野生资源急剧减少，远远满足不了市场需求，很多地方开展人工养殖，黄颡已成为一种新兴的名优鱼类养殖品种。现以池塘养殖的黄颡为例，评价其营养价值。

4.2.8.1 黄颡肌肉中常规成分含量及营养评价

池塘养殖的黄颡肌肉中蛋白质含量为15.16g/100g鲜肉，低于其他9种淡水鱼以及猪瘦肉和凡纳对虾，但远高于鸡蛋；其脂肪含量1.57g/100g鲜肉，高于鳜鱼、加州鲈、黑鱼和史氏鲟，稍高于凡纳对虾，但远低于鸡蛋和猪瘦肉；热量为338kJ/100g鲜肉，在10种淡水鱼中最低，也稍低于凡纳对虾，远低于鸡蛋和猪瘦肉。可见，黄颡肌肉是一种高蛋白质、低脂肪、低热量的食物（表4-7）。

4.2.8.2 黄颡肌肉中必需氨基酸含量及营养评价

黄颡肌肉蛋白质中包含17种氨基酸（色氨酸未检测），其中，必需氨基酸（EAA）7种,EAA总量占6.71g/100g鲜肉，低于猪瘦肉和凡纳对虾，但高于鸡蛋。赖氨酸含量1.66g/100g鲜肉，低于史氏鲟、鳙鱼、野生深黄大斑鳝、野鲮，但高于其他5种淡水鱼以及猪瘦肉和凡纳对虾，远高于鸡蛋，为鸡蛋的1.95倍；在检测出的7种EAA中，除了蛋氨酸+胱氨酸之外，其他6种氨基酸含量超过或接近鸡蛋，这说明黄颡的肌肉蛋白质与鸡蛋蛋白质的组成和比例非常接近（表4-8）。

从氨基酸的化学评分（CS）来看，其第一限制性氨基酸为蛋氨酸+胱氨酸，其CS为0.45，其他EAA的CS都在0.60以上，而赖氨酸的CS为1.42；必需氨基酸指数（EAAI）为80.23。可见，黄颡肌肉蛋白质中EAA平衡性好，说明黄颡肌肉是一种优质食物（表4-9）。

4.2.8.3 黄颡肌肉中多不饱和脂肪酸含量及营养评价

黄颡肌肉脂肪中含有7种多不饱和脂肪酸（PUFA），占脂肪酸总量的39.10%，接近凡纳对虾，但远高于鸡蛋和猪瘦肉。其中，二十碳五烯酸（EPA）占比为3.73%，高于野生深黄大斑鳝，低于凡纳对虾；二十二碳六烯酸（DHA）占比为10.83%，低于其他7种淡水鱼，但高于鳙鱼和野生深黄大斑鳝，远高于凡纳对虾，是凡纳对虾的5.47倍（表4-10）。

4.2.8.4 黄颡肌肉中无机盐含量及营养评价

黄颡肌肉中含有钠、钾、钙、镁、磷5种常量元素和铁、锌、铜、锰、硒5种微量元素，其中，微量元素铁含量为6.40mg/100g鲜肉，仅次于野生鲶鱼，位居10种淡水鱼的第2位，也远高于猪瘦肉、鸡蛋和凡纳对虾，分别是猪瘦肉、鸡蛋和凡纳对虾的2.13倍、3.2倍和4.27倍；锰含量为0.10mg /100g鲜肉，低于野生深黄大斑鳝，位居10种淡水鱼的第2位，稍低于凡纳对虾，但远高于鸡蛋和猪瘦肉，分别是鸡蛋和猪瘦肉的2.5倍和3.33倍；另外，硒含量为16.10μg/100g鲜肉，低于凡纳对虾，但远高于鸡蛋和猪瘦肉（表4-11）。

4.2.8.5 黄颡肌肉中维生素含量及营养评价

目前，有关黄颡肌肉中维生素的研究报道非常少，由于黄颡品种较多，养殖方式不同，其肌肉中维生素以及其他营养物质的含量都有变化。据测定，黄颡肌肉中仅有脂溶性维生素E以及水溶性维生素B_1、维生素B_2和烟酸4种维生素，其中，维生素E含量为1.48mg/100g鲜肉，稍低于鸡蛋，低于鳙鱼和野鲮，高于其他7种淡水鱼，但远高于凡纳对虾和猪瘦肉，分别是凡纳对虾和猪瘦肉的2.39倍和4.35倍；而烟酸含量为3.70mg/100g鲜肉，低于猪瘦肉，远高于凡纳对虾和鸡蛋，分别是凡纳对虾和鸡蛋的2.18倍和18.50倍（表4-12）。

4.2.9 鳙鱼的营养价值

鳙鱼是我国特有的淡水鱼类，是“四大家鱼”之一。鳙鱼以浮游动物为食，是池塘养殖及水库渔业的主要对象之一，经济价值较高。

4.2.9.1 鳙鱼肌肉中常规成分含量及营养评价

鳙鱼肌肉中蛋白质含量为17.62g/100g鲜肉，稍高于野生鲶鱼和黄颡，但低于其他7种淡水鱼，稍低于猪瘦肉和凡纳对虾，但远高于鸡蛋，是其1.38倍；脂肪含量1.80g/100g鲜肉，远低于鸡蛋和猪瘦肉，但稍高于凡纳对虾；热量为365kJ/100g鲜肉，稍低于凡纳对虾，但远低于鸡蛋和猪瘦肉。可见，鳙鱼肌肉是一种高蛋白质、低脂肪、低热量的食物（表4-7）。

4.2.9.2 鳙鱼肌肉中必需氨基酸含量及营养评价

鳙鱼肌肉蛋白质中包含18种氨基酸，必需氨基酸（EAA）8种，EAA总量占8.03g/100g鲜肉，低于猪瘦肉，但高于鸡蛋和凡纳对虾。其中，赖氨酸含量为2.00g/100g鲜肉，位居10种淡水鱼的第2位，稍低于史氏鲟，高于猪瘦肉和凡纳对虾，远高于鸡蛋，为鸡蛋的2.35倍；色氨酸含量为0.23g/100g鲜肉，稍低于猪瘦肉，与鸡蛋基本持平，而远高于凡纳对虾（表4-8）。

从氨基酸的化学评分（CS）来看，其第一限制性氨基酸为蛋氨酸+胱氨酸，其CS为0.59，其他EAA的CS都在0.60以上，而赖氨酸和异亮氨酸的CS均大于1.0；必需氨基酸指数（EAAI）达88.50。由此看见，鳙鱼肌肉蛋白质中EAA含量丰富且平衡性好，说明鳙鱼肌肉是一种优质食物（表4-9）。

4.2.9.3 鳙鱼肌肉中多不饱和脂肪酸含量及营养评价

鳙鱼肌肉脂肪中含有7种多不饱和脂肪酸（PUFA），占脂肪酸总量的43.95%，低于花鲈、野鲮、史氏鲟和鳜鱼，高于其他5种淡水鱼以及凡纳对虾，远高于鸡蛋和猪瘦肉，分别是鸡蛋和猪瘦肉的2.95倍和3.86倍。其中，二十碳五烯酸（EPA）高达13.23%，仅次于鳜鱼和鲫鱼，排在淡水鱼的第3位，远高于凡纳对虾，是凡纳对虾的2倍；二十二碳六烯酸（DHA）达10.55%，高于野生深黄大斑鳝，低于其他8种淡水鱼，但远高于凡纳对虾，是凡纳对虾的5.33倍（表4-10）。

4.2.9.4 鳙鱼肌肉中无机盐含量及营养评价

鳙鱼肌肉中含有钠、钾、钙、镁、磷5种常量元素和铁、锌、铜、锰、锶5种微量元素。其中，磷含量为240mg/100g鲜肉，低于野生鲶鱼和花鲈，高于其他7种淡水鱼，稍高于凡纳对虾，但远高于猪瘦肉和鸡蛋；另外，鳙鱼肌肉中含有微量元素锶，含量达16.00μg/100g鲜肉，这在其他9种淡水鱼以及凡纳对虾、猪瘦肉和鸡蛋中均未检测到。锶的生理作用包括：促进骨基质蛋白的合成和沉淀；促进成骨细胞分化和骨生成；改善骨代谢，提高骨质疏松动物的骨质量；锶元素在肠道内与钠竞争性吸收，从而减少钠的吸收，增加体内钠的排泄。体内钠过多，易引起高血压及心脑血管疾病，锶元素却能减少人体对钠的吸收，故有预防心脑血管疾病的作用。另外，锶有助于皮肤再生、修复细胞，促进皮肤新陈代谢，同时会提高皮肤抗氧化能力及免疫能力，帮助皮肤排出毒素（表4-11）。

4.2.9.5 鳙鱼肌肉中维生素含量及营养评价

鳙鱼肌肉中含有脂溶性维生素A、维生素E以及水溶性维生素B_1、维生素

B_2、烟酸5种维生素，其中，维生素E含量为2.65mg/100g鲜肉，高居10种淡水鱼之首，也远高于鸡蛋、凡纳对虾和猪瘦肉，分别是鸡蛋、凡纳对虾和猪瘦肉的1.44倍、4.27倍和7.79倍；而烟酸含量为2.80mg/100g鲜肉，低于猪瘦肉，但远高于凡纳对虾和鸡蛋，分别是凡纳对虾和鸡蛋的1.65倍和14.00倍（表4-12）。

4.2.10 黄鳝的营养价值

黄鳝是我国重要的淡水名优鱼类之一，由于环境及遗传等因素的影响，黄鳝具有丰富的体色，较为常见的有深黄大斑鳝、浅黄细斑鳝、青灰鳝。但各种颜色的黄鳝营养成分差别不大。现以野生深黄大斑鳝为例评价其营养价值。

4.2.10.1 野生深黄大斑鳝肌肉中常规成分含量及营养评价

野生深黄大斑鳝肌肉中蛋白质含量为17.84g/100g鲜肉，稍高于鳙鱼、野生鲶鱼和黄颡，但低于其他6种淡水鱼，稍低于猪瘦肉和凡纳对虾，但远高于鸡蛋，为鸡蛋的1.39倍；脂肪含量为4.32g/100g鲜肉，居于10种淡水鱼的第2位，低于野生鲶鱼，远低于鸡蛋，稍低于猪瘦肉，但高于其他8种淡水鱼，远高于凡纳对虾，为凡纳对虾的4.04倍；热量为505kJ/100g鲜肉，高于凡纳对虾，但远低于鸡蛋和猪瘦肉。可见，野生深黄大斑鳝肌肉是一种高蛋白质、中脂肪、中热量的温补食物（表4-7）。

4.2.10.2 野生深黄大斑鳝肌肉中必需氨基酸含量及营养评价

野生深黄大斑鳝肌肉蛋白质中包含17种氨基酸（色氨酸未检测），必需氨基酸（EAA）7种，EAA总量占7.79g/100g鲜肉，低于猪瘦肉，稍低于凡纳对虾，但高于鸡蛋。其中，异亮氨酸含量为1.00g/100g鲜肉，居于10种淡水鱼首位，与凡纳对虾基平持平，但高于猪瘦肉和鸡蛋；赖氨酸含量为1.78g/100g鲜肉，低于史氏鲟和鳙鱼，但高于其他7种淡水鱼以及猪瘦肉和凡纳对虾，远高于鸡蛋，为鸡蛋的2.09倍（表4-8）。

从氨基酸的化学评分（CS）来看，其第一限制性氨基酸为蛋氨酸+胱氨酸，其CS为0.52；其他6种EAA的CS都在0.70以上，而赖氨酸和异亮氨酸的CS均大于1.0；必需氨基酸指数（EAAI）达62.41，高于凡纳对虾。由此看见，黄鳝肌肉蛋白质中EAA含量丰富且平衡性良好，说明野生深黄大斑鳝肌肉是一种优质食物（表4-9）。

4.2.10.3 野生深黄大斑鳝肌肉中多不饱和脂肪酸含量及营养评价

野生深黄大斑鳝肌肉脂肪中含有11种多不饱和脂肪酸（PUFA），占脂肪酸总量的26.86%。其中，二十碳五烯酸（EPA）占比1.24%，远低于其他9种淡水鱼；二十二碳六烯酸（DHA）为8.74%，也低于其他9种淡水鱼，但远高于凡纳对虾，是凡纳对虾的4.41倍。比较罕见的是，野生深黄大斑鳝肌肉中二十二碳五烯酸（DPA）占比高达3.93%，高居上述20种海水鱼、淡水鱼之首（表4-10）。

4.2.10.4 野生深黄大斑鳝肌肉中无机盐含量及营养评价

野生深黄大斑鳝肌肉中含有钠、钾、钙、镁、磷5种常量元素和铁、锌、铜、锰、硒5种微量元素。其中，钙含量高达209mg/100g鲜肉，高居10种淡水鱼之首，也远高于凡纳对虾、鸡蛋和猪瘦肉，分别是凡纳对虾、鸡蛋和猪瘦肉的3.37倍、3.73倍和34.83倍；锰含量达0.21mg/100g鲜肉，也居于10种淡水鱼之首，远高于凡纳对虾、鸡蛋和猪瘦肉，分别是凡纳对虾、鸡蛋和猪瘦肉的1.75倍、5.25倍和7倍；而硒含量也高达34.60μg/100g鲜肉，居于10种淡水鱼的第2位，低于野鲮，但高于其他8种淡水鱼，稍高于凡纳对虾，远高于鸡蛋和猪瘦肉，分别是鸡蛋和猪瘦肉的2.42倍和3.64倍。可见野生深黄大斑鳝肌肉中含有极其丰富的常量元素和微量元素（表4-11）。

4.2.10.5 野生深黄大斑鳝肌肉中维生素含量及营养评价

野生深黄大斑鳝肌肉中含有脂溶性维生素A、维生素E以及水溶性维生素B_1、维生素B_2、烟酸5种维生素。其中，维生素E含量为1.34mg/100g鲜肉，稍低于鸡蛋，但远高于凡纳对虾和猪瘦肉；维生素B_2含量高达0.98mg/100g鲜肉，高居上述20种海水鱼和淡水鱼之首，也远高于鸡蛋、猪瘦肉和凡纳对虾，分别是鸡蛋、猪瘦肉和凡纳对虾的3.63倍、9.80倍和14倍。烟酸含量为3.70mg/100g鲜肉，低于猪瘦肉，但远高于凡纳对虾和鸡蛋，分别是凡纳对虾和鸡蛋的2.18倍和18.50倍（表4-12）。

表4-7　10种淡水鱼肌肉中常规成分含量与其他食物的比较（鲜重）

食物种类	能量 /（kJ/100g）	水分 /（g/100g）	蛋白质 /（g/100g）	脂肪 /（g/100g）	灰分 /（g/100g）	无氮浸出物 /（g/100g）	数据来源
加州鲈	415	76.00	19.70	1.40	1.10	1.80	丁海燕
黑鱼	390	76.55	20.03	0.77	1.20	1.45	赵立
野鲮	404	76.94	19.70	1.68	1.19	0.49	刘家照
鲫鱼	497	76.60	19.80	4.20	1.20	0.00	丁海燕
史氏鲟	381	76.97	20.86	0.64	1.13	0.40	宋永康
鳜鱼	374	78.25	19.03	1.41	1.26	0.05	胡玉婷
野生鲶鱼	599	74.29	16.49	8.19	1.04	0.00	郜卫华
黄颡	338	80.89	15.16	1.57	1.03	1.35	杨兴丽
鳙鱼	365	81.23	17.62	1.80	1.56	0.00	周 敏
野生深黄大斑鳝	505	74.77	17.84	4.32	0.96	2.11	吴秀林
猪瘦肉	606	71.00	20.30	6.20	1.00	1.30	舒妙安
鸡蛋	675	73.80	12.80	11.10	1.00	1.30	舒妙安
凡纳对虾	424	74.78	18.71	1.07	1.39	4.05	张高静

注：能量（kJ）=蛋白质（g）×16.7+脂肪（g）×39.54+无氮浸出物（g）×17.15，表中数据是由笔者根据此算式计算得出的。

表4-8　10种淡水鱼肌肉中必需氨基酸（EAA）含量与其他食物的比较（鲜重）

食物种类	缬氨酸/（g/100g）	异亮氨酸/（g/100g）	亮氨酸/（g/100g）	苯丙氨酸+酪氨酸/（g/100g）	赖氨酸/（g/100g）	蛋氨酸+胱氨酸/（g/100g）	苏氨酸/（g/100g）	色氨酸/（g/100g）	EAA总量/（g/100g）	数据来源
加州鲈	0.91	0.65	1.90	1.33	1.10	0.63	0.74	0.25	7.51	丁海燕
黑鱼	0.79	0.75	1.24	1.70	1.56	0.57	0.74	—	7.35	赵立
野鲮	1.00	0.93	1.70	0.82	1.73	0.57	0.92	—	7.67	刘家照
鲫鱼	0.97	0.67	1.97	1.41	1.19	0.61	0.76	0.10	7.68	丁海燕
史氏鲟	1.01	0.98	1.71	1.69	2.03	0.79	0.96	0.22	9.39	宋永康
鳜鱼	0.83	0.84	1.47	1.32	1.51	0.80	0.96	—	7.73	胡玉婷
野生鲶鱼	0.70	0.67	1.24	1.15	1.40	0.62	0.72	—	6.50	郜卫华
黄颡	0.75	0.70	1.32	1.10	1.66	0.46	0.72	—	6.71	杨兴丽
鳙鱼	0.85	0.97	1.47	1.07	2.00	0.64	0.80	0.23	8.03	周 敏
野生深黄大斑鳝	0.96	1.00	1.48	1.27	1.78	0.58	0.72	—	7.79	吴秀林
猪瘦肉	1.06	0.93	1.71	1.62	1.54	0.68	0.94	0.27	8.75	舒妙安
鸡蛋	0.70	0.63	1.05	1.11	0.85	0.61	0.58	0.22	5.75	舒妙安
凡纳对虾	0.88	1.01	1.52	1.55	1.43	0.62	0.83	0.09	7.93	张高静

注：“—”表示未检测。

表4-9 10种淡水鱼肌肉氨基酸的化学评分（CS）与其他食物的比较

EAA	加州鲈	黑鱼	野鲮	鲫鱼	史氏鲟	鳜鱼	野生鲶鱼	黄颡	鳙鱼	野生深黄大斑鳝	猪瘦肉	凡纳对虾
异亮氨酸	0.62	0.61	0.89	0.64	0.94	0.75	0.77	0.79	1.04	1.06	0.93	0.76
亮氨酸	1.13	0.62	1.01	1.17	0.94	0.87	0.89	0.93	0.98	0.97	1.03	0.65
赖氨酸	0.85	1.17	1.24	0.85	1.42	1.15	1.21	1.42	1.61	1.41	1.16	0.80
蛋氨酸+胱氨酸	0.52	0.40	0.49	0.50	0.86	1.05	0.61	0.45	0.59	0.52	0.59	0.50
苯丙氨酸+酪氨酸	0.74	1.16	0.46	1.08	1.08	0.71	0.78	0.73	0.67	0.79	0.91	0.62
苏氨酸	0.80	0.68	1.00	0.83	0.92	1.02	0.95	0.93	0.97	0.86	1.12	0.71
缬氨酸	0.70	0.52	0.73	0.75	0.77	0.76	0.65	0.67	0.73	0.82	0.91	0.49
色氨酸	0.80	—	—	0.57	0.84	—	—	—	0.84	—	0.77	0.21
EAAI	74.55	63.48	—	70.80	119.36	88.77	81.56	80.23	88.50	62.41	—	51.20
数据来源	丁海燕	赵立	刘家照	丁海燕	宋永康	胡玉婷	郜卫华	杨兴丽	周 敏	吴秀林	舒妙安	李晓

注：1．“—”表示未检测；

2．CS=待测蛋白质中某种氨基酸含量（mg/g）/全鸡蛋蛋白质中同种氨基酸含量（mg/g）。

表 4-10 10种淡水鱼肌肉中多不饱和脂肪酸组成与其他食物的比较（相对含量）

脂肪酸	花鲈	黑鱼	野鲮	鲫鱼	史氏鲟	鳜鱼	野生鲶鱼	黄颡	鳙鱼	野生深黄大斑鳝	猪瘦肉	鸡蛋	凡纳对虾
亚油酸/%	9.76	14.35	11.94	6.73	20.48	9.64	8.93	17.64	6.73	7.86	10.30	14.20	20.83
亚麻酸/%	2.26	0.00	1.32	0.00	0.00	0.00	0.00	0.08	0.00	2.52	0.90	0.10	6.28
花生二烯酸/%	0.00	1.47	0.76	0.93	2.07	0.50	1.75	1.71	0.79	0.29	0.00	0.00	0.98
花生三烯酸/%	0.00	0.51	0.52	0.70	0.98	0.96	1.51	1.95	1.14	0.17	0.00	0.00	0.18
花生四烯酸/%	2.05	2.56	6.07	1.82	3.63	9.85	1.58	1.16	9.64	0.92	0.20	0.60	0.75
二十碳五烯酸（EPA）/%	7.38	4.75	12.43	13.26	4.98	13.26	9.14	3.73	13.23	1.24	0.00	0.00	6.60
二十一碳四烯酸/%	0.00	3.15	0.78	6.57	2.27	1.05	7.31	0.00	0.00	0.00	0.00	0.00	0.00
二十二碳二烯酸/%	0.00	0.00	0.00	0.00	0.00	0.00	0.00	0.00	0.00	0.10	0.00	0.00	0.00
二十二碳三烯酸/%	0.00	0.00	0.00	0.00	0.00	0.90	0.90	0.00	1.87	0.61	0.00	0.00	0.09
二十二碳四烯酸/%	0.00	0.00	0.00	0.00	0.00	0.00	0.00	0.00	0.00	0.48	0.00	0.00	2.45
二十二碳五烯酸（DPA）/%	1.22	0.00	0.00	0.00	0.00	0.00	0.00	0.00	0.00	3.93	0.00	0.00	0.36
二十二碳六烯酸（DHA）/%	21.65	15.00	13.46	11.91	11.47	11.16	10.84	10.83	10.55	8.74	0.00	0.00	1.98
EPA+DHA/%	29.03	19.75	25.89	25.17	16.45	24.42	19.98	14.56	23.78	9.98	0.00	0.00	8.58
多不饱和脂肪酸总量/%	44.32	41.79	47.28	41.92	45.88	47.32	41.96	37.10	43.95	26.86	11.40	14.90	40.50
数据来源	许建和	韩迎雪	韩迎雪	韩迎雪	韩迎雪	韩迎雪	韩迎雪	赵 辉	韩迎雪	吴秀林	舒妙安	舒妙安	李 晓

表 4-11　10种淡水鱼肌肉中无机盐含量与其他食物的比较

食物种类	钠 /（mg/100g）	钾 /（mg/100g）	钙 /（mg/100g）	镁 /（mg/100g）	磷 /（mg/100g）	铁 /（mg/100g）	锌 /（mg/100g）	铜 /（mg/100g）	锰 /（mg/100g）	硒 /（μg/100g）	锶 /（μg/100g）
花鲈	144	205	138	37	242	2.00	2.83	0.05	0.04	33.10	0.00
黑鱼	49	313	152	33	232	0.70	0.80	0.05	0.06	24.60	0.00
野鲮	40	317	31	22	176	0.90	0.83	0.04	0.02	48.10	0.00
鲫鱼	41	290	79	41	193	1.30	1.94	0.08	0.06	14.30	0.00
史氏鲟	54	284	13	35	211	0.70	0.42	0.00	0.00	0.00	0.00
鳜鱼	69	295	63	32	217	1.00	1.07	0.10	0.03	26.50	0.00
野生鲶鱼	0	0	13	0	282	8.10	0.00	0.00	0.00	0.00	0.00
黄颡	250	202	59	19	166	6.40	1.48	0.08	0.10	16.10	0.00
鳙鱼	33	411	40	30	240	0.20	0.43	0.03	0.05	0.00	16.00
野生深黄大斑鳝	58	277	209	21	206	0.81	2.01	0.01	0.21	34.60	0.00
猪瘦肉	58	305	6	25	189	3.00	2.99	0.11	0.03	9.5	0.00
鸡蛋	132	154	56	10	130	2.00	1.10	0.15	0.04	14.30	0.00
凡纳对虾	165	215	62	43	228	1.50	2.38	0.34	0.12	33.70	0.00

表4-12　10种淡水鱼肌肉中维生素含量与其他食物的比较

食物种类	维生素A /（μg/100g）	维生素D /（μg/100g）	维生素E /（mg/100g）	维生素K /（μg/100g）	维生素B_1 /（mg/100g）	维生素B_2 /（mg/100g）	维生素B_6 /（mg/100g）	维生素B_{12} /（μg/100g）	烟酸 /（mg/100g）	叶酸 /（μg/100g）
鲈鱼	19.00	30.00	0.75	0.00	0.03	0.17	0.00	0.00	3.10	0.00
黑鱼	26.00	0.00	0.97	0.00	0.02	0.14	0.00	0.00	2.50	0.00
野鲮	125.00	0.00	1.54	0.00	0.01	0.04	0.00	0.00	3.00	0.00
鲫鱼	17.00	0.00	0.68	0.00	0.04	0.09	0.00	0.00	2.50	0.00
史氏鲟	210.00	10.30	0.50	0.10	0.07	0.07	0.20	2.20	8.30	15.00
鳜鱼	12.00	0.00	0.87	0.00	0.02	0.07	0.00	0.00	5.90	0.00
野生鲶鱼	0.00	0.00	0.00	0.00	0.20	0.24	0.00	0.00	1.30	0.00
黄颡	0.00	0.00	1.48	0.00	0.01	0.06	0.00	0.00	3.70	0.00
鳙鱼	34.00	0.00	2.65	0.00	0.04	0.11	0.00	0.00	2.80	0.00
野生深黄大斑鳝	50.00	0.00	1.34	0.00	0.06	0.98	0.00	0.00	3.70	0.00
猪瘦肉	44.00	0.00	0.34	0.00	0.34	0.10	0.00	0.00	5.30	0.00
鸡蛋	234.00	0.00	1.84	0.00	0.11	0.27	0.00	0.00	0.20	0.00
凡纳对虾	15.00	0.00	0.62	0.00	0.01	0.07	0.00	0.00	1.70	0.00

5

使人变聪明的鱼类

——20种常见高DHA含量海水鱼、淡水鱼的食疗作用与选购技巧

5.1 20种常见高DHA含量鱼的食疗作用比较

5.1.1 提供优质蛋白质和必需氨基酸，促进生长发育作用比较

蛋白质是生命活动的物质基础，是人体5大营养要素之一，是构成机体组织、器官的重要组成部分。体内重要的生理活动都是由蛋白质来完成的，例如，参与机体防御功能的抗体，催化代谢反应的酶；调节物质代谢和生理活动的某些激素和神经递质，有的是蛋白质或多肽类物质，有的是氨基酸转变的产物；此外，肌肉收缩、血液凝固、物质的运输等生理功能也是由蛋白质来实现的。

人体各组织细胞的蛋白质经常不断地更新，成年人也必须每日摄入足够量的蛋白质，才能维持其组织的更新。为保证儿童的健康成长，对生长发育期的儿童、孕妇提供足够优质的蛋白质尤为重要。成人体内每天约有3%的蛋白质更新，借此完成组织的修复更新。

蛋白质是由氨基酸组成的，从营养学上分类，氨基酸可以分为以下三类。

第一类是必需氨基酸（EAA）：指人体（或其他脊椎动物）不能合成或合成速度远不适应机体的需要，必须由食物蛋白质供给，这些氨基酸称为必需氨基酸。成人必需氨基酸的需要量为蛋白质需要量的20% ~ 37%。成人必需氨基酸共有8种，其作用分别如下。

① 赖氨酸：促进大脑发育，是肝及胆的组成成分，能促进脂肪代谢，调节松果体、乳腺、黄体及卵巢，防止细胞退化。

② 色氨酸：促进胃液及胰液的产生。

③ 苯丙氨酸：参与消除肾及膀胱功能的损耗。

④ 蛋氨酸（甲硫氨酸）：参与组成血红蛋白、组织与血清，有促进脾脏、胰脏及淋巴的功能。

⑤ 苏氨酸：有转变某些氨基酸达到平衡的功能。

⑥ 异亮氨酸：参与胸腺、脾脏及脑下腺的调节及代谢，脑下腺是作用于甲状腺、性腺的总司令部。

⑦ 亮氨酸：平衡异亮氨酸。

⑧ 缬氨酸：作用于黄体、乳腺及卵巢。

第二类是半必需氨基酸：人体虽能够合成，但通常不能满足正常需要，因此，又被称为条件必需氨基酸，在幼儿生长期这两种是必需氨基酸，即精氨酸和组氨酸。

第三类是非必需氨基酸（NEAA）：指人（或其他脊椎动物）自己能由简单的前体合成，不需要从食物中获得的氨基酸，如甘氨酸、丙氨酸等。

鱼肉蛋白质有其他肉类蛋白质所无法比拟的功效，而且其必需氨基酸的种类齐全，EAA的比例特别适宜人体吸收利用，经常食用鱼肉不但可以满足人们对美味的追求，还可以补充人体所需的氨基酸。尤其是对处于快速生长发育阶段的少年儿童来说，其肌肉、骨骼、皮肤、毛发、血液等人体组织都离不开蛋白质及其他营养素。因此，鱼肉是少年儿童自然成长的最佳营养品。

由于鱼类的食性和生态环境不同，20种常见高DHA含量的海水鱼、淡水鱼肌肉中蛋白质的含量也有一定差异。我们根据每100g鱼肉能提供人体利用的蛋白质，排出20种常见高DHA含量鱼类补充人体蛋白质的作用顺序，以供参考（表5-1）。

表5-1　20种常见高DHA含量鱼蛋白质含量排行榜

鱼的种类	蛋白质含量/（g/100g）	补充蛋白质作用排行
黄鳍金枪鱼	25.53	1
褐牙鲆	22.91	2
青石斑鱼	21.76	3
鲐鱼	21.07	4
鲟鱼	20.86	5
带鱼	20.83	6
黑鱼	20.03	7
鲫鱼	19.80	8
鲈鱼	19.70	9

续表

鱼的种类	蛋白质含量/（g/100g）	补充蛋白质作用排行
鲮鱼	19.70	9
大西洋鲑	19.40	10
远东拟沙丁鱼	19.20	11
鳜鱼	19.03	12
海鳗	18.23	13
小黄鱼	17.90	14
黄鳝	17.84	15
大菱鲆	17.72	16
鳙鱼	17.62	17
鲶鱼	16.49	18
黄颡	15.16	19

从表5-1可以看出，黄鳍金枪鱼肌肉蛋白质含量高达25.53 g/100g，位居排行榜的第1位；褐牙鲆的蛋白质含量达22.91g/100g，位居第2位；青石斑鱼、鲐鱼、鲟鱼、带鱼、黑鱼、鲫鱼、鲈鱼、鲮鱼和大西洋鲑分列第3 ~ 10位；蛋白质含量最低的是黄颡，仅15.16 g/100g。排在前10位的海水鱼有6种，淡水鱼有5种。并且，根据其食性来判断，蛋白质含量高的除了鲮鱼和鲫鱼为杂食性鱼类外，其他都是肉食性鱼类。

需要注意的是，人体对蛋白质的需求实际上是对必需氨基酸的需求，如果人体缺乏任何一种必需氨基酸，就可导致生理功能异常，影响抗体代谢的正常进行，产生抗体代谢障碍，最后导致疾病。必需氨基酸摄入不足就会引起胰岛素减少，血糖升高。食品蛋白质中，按照人体的需要及其比例关系，相对不足的氨基酸称为限制性氨基酸。其中，偏低最多的氨基酸，又称为第一限制性氨基酸。依偏低程度类推，还有第二限制性氨基酸等。必需氨基酸的利用过程遵循“木桶效应”（木桶能装多少水，取决其短板）进行，必需氨基酸需要按照一定的比例才能被充分地吸收利用，当某种食物中某氨基酸远远不能达到这个比例时，即使蛋白质含量再高，也发挥不出它的优势，这个氨基酸就是限制性氨基酸。赖氨酸为碱性必需氨基酸，由于谷物食品中的赖氨酸含量甚低，且在加工过程中易被破坏而缺乏，故称为第一限制性氨基酸。因此，不能仅仅从蛋白质的含量来判断鱼肉营养价值的高低，还要根据氨基酸指数（EAAI）进行评价。

5.1.2 健脑益智作用比较

20种常见高DHA含量的海水鱼、淡水鱼肌肉中都含有比较丰富的二十二碳六烯酸（DHA）。DHA是人类自身无法合成的一种多不饱和脂肪酸（PUFA），是人体必需脂肪酸（EFA）之一，它是大脑正常活动所必需的营养素之一，是大脑细胞膜的重要组成成分。DHA参与脑细胞的形成和发育，对神经细胞轴突的延伸和新突起的形成有重要作用，可维持神经细胞的正常生理活动，参与大脑思维和记忆形成过程。因此，经常食用富含DHA的鱼肉，有利于脑细胞的再生，增强智力和提高记忆力，对老年人来说可以预防老年痴呆症。

由于上述20种常见高DHA含量的海水鱼、淡水鱼都含有DHA，因此，都具有一定的健脑益智作用。但是，由于各种鱼肉中脂肪的含量不同，并且其DHA占脂肪酸的比例差别很大，因此，不能仅从鱼类脂肪中DAH的占比来判定其DHA的实际供应量。为此，我们按照上述20种常见高DHA含量鱼类脂肪的含量和DHA的占比，计算出每100g鱼肉所能供给人体利用DHA的实际重量。据此，我们列出了20种海水鱼、淡水鱼对人类健脑益智作用的排行榜，以供读者在选购鱼类时参考（表5-2）。

表5-2　20种常见高DHA含量鱼健脑益智排行榜

鱼的种类	脂肪含量/%	DHA占比/%	DHA提供量/（mg/100g）	健脑益智排行
远东拟沙丁鱼	13.80	8.29	1144.02	1
带鱼	7.90	14.08	1112.32	2
鲶鱼	8.19	10.84	877.80	3
海鳗	6.08	9.36	569.09	4
青石斑鱼	3.62	15.40	557.48	5
小黄鱼	3.10	17.41	539.71	6
大西洋鲑	4.52	11.77	532.00	7
鲫鱼	4.20	11.91	500.22	8
黄鳍金枪鱼	1.07	39.17	419.12	9
褐牙鲆	1.81	21.70	392.77	10

续表

鱼的种类	脂肪含量/%	DHA占比/%	DHA提供量/（mg/100g）	健脑益智排行
黄鳝	4.32	8.74	377.57	11
鲈鱼	1.40	21.65	303.10	12
鲐鱼	3.63	7.91	287.13	13
鲮鱼	1.68	13.46	226.13	14
鳙鱼	1.80	10.55	189.90	15
黄颡	1.57	10.83	170.03	16
鳜鱼	1.41	11.16	157.36	17
大菱鲆	0.78	19.26	150.23	18
黑鱼	0.77	15.00	115.50	19
鲟鱼	0.64	11.47	73.41	20

从表5-2可以看出，尽管远东拟沙丁鱼DHA占其脂肪酸的比例只有8.29%，但是，由于其脂肪含量高达13.80%，每100g远东拟沙丁鱼肉可提供人体利用的DHA高达1144.02mg，因此，远东拟沙丁鱼健脑益智的作用在排行榜中排在第1位；同理，带鱼排在第2位；而黄鳍金枪鱼DHA占比高达39.17%，但是由于其脂肪含量仅1.07%，每100g黄鳍金枪鱼肉所能提供人体利用的DHA仅419.12mg，远低于远东拟沙丁鱼、带鱼等，在排行榜中只排在第9位。排在第3～10位的鱼类分别是鲶鱼、海鳗、青石斑鱼、小黄鱼、大西洋鲑、鲫鱼、黄鳍金枪鱼和褐牙鲆。

可以看出，位居排行榜的前10位的鱼类中绝大多数都是海水鱼，淡水鱼只有野生鲶鱼和鲫鱼2种。以前的报道认为，只有深海鱼类含有高含量的DHA，淡水鱼类的DHA含量很少，最近的研究经过笔者分析表明，有些淡水鱼类也可提供大量的DHA，比如，每100g野生鲶鱼和鲫鱼所提供DHA的量就高于牙鲆、鲐鱼及大菱鲆等海水鱼类。因此，我们对有些淡水鱼类的健脑益智作用也不容低估。

5.1.3 降血脂与降胆固醇作用比较

20种常见高DHA含量的海水鱼和淡水鱼，大部分鱼类的肌肉中含有比较丰富的二十碳五烯酸（EPA），EPA是人体自身不能合成但又不可缺少的ω-3系列多不饱和脂肪酸（PUFA）之一，是人体必需的脂肪酸（EFA）。EPA被称为人体血管的清道夫，具有帮助降低胆固醇和甘油三酯含量，促进体内饱和脂肪酸代谢，从而起到降低血液黏稠度，增进血液循环，提高组织供氧而消除疲劳之效。另外，还具有防止脂肪在血管壁的沉积，预防动脉粥样硬化的形成和发展，预防脑血栓、脑出血、高血压等心脑血管疾病之作用。

鱼油胶囊含有DHA和EPA。医学专家不推荐孕妇、婴儿和少年儿童服用这种含有EPA的补充剂，因为它会在发育过程中破坏人体内的DHA与EPA平衡。据研究，服用鱼油胶囊可能会导致凝血时间延长、稀便、腰部不适和不断打嗝等副作用。因此，专家推荐可以通过食用富含DHA的食品（如鱼肉等）来补充人体必需的DHA和EPA。因此，在服用鱼油胶囊之前最好咨询有关医学专家。

在上述20种常见高DHA含量的海水鱼、淡水鱼中，有少部分鱼类的肌肉中含二十二碳五烯酸（DPA），DPA同样是人体必需的ω-3系列多不饱和脂肪酸（PUFA）之一。DPA具有调节血脂、软化血管，降低血液黏度，改善视力、促进生长发育和提高人体免疫功能等作用，其调节血脂的功能比有血管清道夫之称的EPA还要强很多倍，因此，更适合于血脂偏高的中老年人。

上述20种海水鱼、淡水鱼含有的EPA和DPA差别很大，有的鱼肉中根本不含EPA或者DPA。由于各种鱼类的脂肪含量不同，而且其EPA和DPA占脂肪酸的比例也不同，同样不能仅从鱼类脂肪中EPA或者DPA的占比来判定其EPA和DPA的实际供应量，因此，按照20种常见高DHA含量鱼类脂肪的含量和EPA+DPA占比，计算出每100g鱼肉所能供给人体利用EPA+DPA的实际重量，列出20种鱼肉对降低人体血脂和胆固醇作用的顺序，以供读者在选购时参考（表5-3）。

表5-3　20种常见高DHA含量鱼降低血脂和胆固醇排行榜

鱼的种类	脂肪含量/%	EPA+DPA占比/%	EPA+DPA提供量/（mg/100g）	降低血脂和胆固醇排行
远东拟沙丁鱼	13.80	17.29	2386.02	1
野生鲶鱼	8.19	9.14	748.57	2
鲫鱼	4.20	13.26	599.35	3
大西洋鲑	4.52	9.46	427.59	4

续表

鱼的种类	脂肪含量/%	EPA+DPA占比/%	EPA+DPA提供量/（mg/100g）	降低血脂和胆固醇排行
鲐鱼	3.63	7.91	287.13	5
青石斑鱼	3.62	7.30	264.26	6
鳙鱼	1.80	13.23	238.14	7
带鱼	7.90	2.87	226.73	8
黄鳝	4.32	5.17	223.34	9
海鳗	6.08	3.53	214.62	10
鲮鱼	1.68	12.43	208.82	11
鳜鱼	1.41	13.26	186.97	12
小黄鱼	3.10	5.77	178.87	13
褐牙鲆	1.81	9.00	162.90	14
鲈鱼	1.40	8.60	120.40	15
大菱鲆	0.78	13.21	103.04	16
黄颡	1.57	3.73	58.56	17
黄鳍金枪鱼	1.07	4.11	43.98	18
黑鱼	0.77	4.75	36.58	19
史氏鲟	0.64	4.98	31.87	20

从表5-3中可以看出，远东拟沙丁鱼由于其脂肪含量高，而且EPA+DPA占脂肪酸的比例高达17.29%，因此，其EPA+DPA提供量高达2386.02mg/100g，位列排行榜的第1位；而史氏鲟的EPA+DPA提供量仅为31.87mg/100g，位列第20位，两者相差73.87倍；排在第2位的是野生鲶鱼，其EPA+DPA提供量为748.57mg/100g，是史氏鲟的23.49倍。位列第3 ~ 10位的鱼类分别是鲫鱼、大西洋鲑、鲐鱼、青石斑鱼、鳙鱼、带鱼、黄鳝和海鳗。另外，排行榜的前10种鱼中，海水鱼有6种，淡水鱼有4种，可见，淡水鱼对降低人体血脂、胆固醇和预防心脑血管疾病的作用也比较显著。

5.1.4　补钙与壮骨作用比较

20种常见高DHA含量的海水鱼、淡水鱼肌肉中都含有不同含量的钙，而且鱼肉中的钙元素非常容易被人体消化吸收，因此，钙含量高的鱼肉适合不同年龄段的人补充钙质，可起到强身壮骨之效，尤其是对快速发育阶段的少年儿童及容易发生骨质疏松的老年人更加有益。

钙是人体必需的常量元素之一，肌肉、神经、体液和骨骼中，都有用Ca^{2+}结合的蛋白质。钙是人类骨骼、齿的主要无机成分，也是神经传递、肌肉收缩、血液凝结、激素释放和乳汁分泌等所必需的元素。钙也是人体中含量最多的无机元素，成年人身体中的钙含量占体重的1.5% ~ 2.0%，人体总钙含量达1200 ~ 1400g，其中99%存在于骨骼和牙齿中，组成人体支架，成为机体内钙的储存库；另外1%存在于软组织、细胞间隙和血液中，统称为混溶钙池，与骨钙保持动态平衡。骨骼通过不断的成骨和溶骨作用使骨钙与血钙保持动态平衡。

钙对人体所有细胞功能的发挥起着重要的生理调节作用。钙是人体内200多种酶的激活剂，从而使人体各器官能够正常运转，由于钙元素参与人体的新陈代谢，因此每天必须补充钙，钙在人体内含量不足或是过剩都会影响人体生长发育和健康。钙摄入不足，人体就会出现生理性钙透支，造成血钙水平下降，在缺钙初期，可能只是发生可逆性生理功能异常，如情绪不稳定、睡眠质量下降、心脏出现室性早搏等反应。如果持续低血钙，人体将长期处于负钙平衡状态，进而导致骨质疏松和骨质增生。其他可导致疾病包括儿童佝偻病、手足抽搐症、高血压、冠心病、肾结石、结肠癌和老年痴呆等。

虽然补钙对人体好处多多，但切勿盲目服用钙片和维生素D进行补钙。根据美国塔夫茨大学最新的研究结果表明，只靠补充维生素D和钙片的实验者的癌症死亡概率增加至53%，而靠饮食补充钙和维生素的实验者的身体一切正常。因此，该研究团队的张芳芳博士指出，有些保健品对人类健康非但没有帮助，过量摄取还会造成危害，甚至提高死亡率和致癌率。专家指出通过饮食补钙是最好最安全的途径（儿童补钙也是如此）。根据每100g鱼肉中钙的含量，列出20种常见高DHA含量鱼补钙作用排行榜，以供参考（表5-4）。

表5-4　20种常见高DHA含量鱼补钙作用排行榜

鱼的种类	灰分含量/（g/100g）	钙含量/（mg/100g）	补钙壮骨排行
黄鳝	0.96	209	1
黑鱼	1.20	152	2
鲈鱼	1.10	138	3

续表

鱼的种类	灰分含量/（g/100g）	钙含量/（mg/100g）	补钙壮骨排行
青石斑鱼	1.33	80	4
鲫鱼	1.20	79	5
海鳗	1.30	78	6
小黄鱼	1.10	78	6
拟沙丁鱼	1.90	70	7
鳜鱼	1.26	63	8
黄颡	1.03	59	9
鲐鱼	1.64	50	10
鳙鱼	1.56	40	11
鲮鱼	1.19	31	12
带鱼	1.21	28	13
褐牙鲆	1.24	23	14
大西洋鲑	1.93	20	15
大菱鲆	0.95	18	16
鲶鱼	1.04	13	17
史氏鲟	1.13	13	17
黄鳍金枪鱼	0.94	10	18

从表5-4可以看出，上述20种鱼的肌肉中钙含量排第1位的是黄鳝，高达209mg/100g，是位列第18位黄鳍金枪鱼的20.9倍；排在第2位的是黑鱼，含量达152mg/100g，是黄鳍金枪鱼的15.2倍；鲈鱼、青石斑鱼、鲫鱼、海鳗和小黄鱼、拟沙丁鱼、鳜鱼、黄颡、鲐鱼分别列第3 ~ 10位。钙含量高的前10种鱼中，海水鱼有5种，淡水鱼有6种。

5.1.5 补铁与防贫血作用比较

20种常见高DHA含量的海水鱼、淡水鱼肌肉中都含有不同含量的铁元素，因此，经常食用含铁量高的鱼肉可补充人体的铁元素，对预防缺铁性贫血具有一定作用。

铁元素是构成人体必不可少的微量元素之一，其生理作用包括：组成血红蛋白以参与氧的运输和存储；组成肌红蛋白、脑红蛋白，两者是携氧、储氧的球蛋白；直接参与人体能量代谢等。缺铁会影响人体的健康和发育，最大的影响即是缺铁性贫血，世界卫生组织的调查表明，大约有50%的女童、20%的成年女性、40%的孕妇会发生缺铁性贫血。

本文根据每100g鱼肉中铁的含量，列出20种常见高DHA含量鱼类补铁作用排行榜以供参考（表5-5）。

表5-5　20种常见高DHA含量鱼补铁排行榜

鱼的种类	灰分含量/（g/100g）	铁供应量/（mg/100g）	补铁防贫血排行
鲶鱼	1.04	8.10	1
黄颡	1.03	6.40	2
鲈鱼	1.10	2.00	3
拟沙丁鱼	1.90	1.80	4
鲐鱼	1.64	1.50	5
鲫鱼	1.20	1.30	6
带鱼	1.21	1.20	7
海鳗	1.30	1.20	7
鳜鱼	1.26	1.00	8
小黄鱼	1.10	0.90	9
鲮鱼	1.19	0.90	9
黄鳝	0.96	0.81	10
大西洋鲑	1.93	0.80	11
黑鱼	1.20	0.70	12
鲟鱼	1.13	0.70	12
黄鳍金枪鱼	0.94	0.41	13
青石斑鱼	1.33	0.40	14
大菱鲆	0.95	0.40	14
鳙鱼	1.56	0.20	15
褐牙鲆	1.24	0.10	16

从表5-5可以看出，上述20种鱼的肌肉中铁含量排第1位的是野生鲶鱼，高达8.10mg/100g，是褐牙鲆的81倍；排在第2位的是黄颡，含量达6.40mg/100g，是褐牙鲆的64倍；其他位列补铁防贫血效果第3～10位的鱼

分别是鲈鱼、拟沙丁鱼、鲐鱼、鲫鱼、带鱼、海鳗、鳜鱼、小黄鱼、鲮鱼和黄鳝。其中，海水鱼有5种，淡水鱼有7种。

5.1.6 补硒与抗衰老作用比较

20种常见高DHA含量的海水鱼、淡水鱼中有13种鱼的肌肉中检测出微量元素硒，硒在人体内含量并不多，有3 ~ 20mg，作用却是巨大的。硒是迄今为止发现的最重要的抗衰老元素，此外，硒的作用还有：提高人体免疫力、抗氧化、抗衰老、参与糖尿病的治疗、防癌抗癌、保护眼睛、保护修复细胞、防治心脑血管类疾病、解毒防毒、抗污染、保护肝脏等。

根据每100g鱼肉中硒的含量，列出20种常见高DHA含量鱼的补硒抗衰老作用排行榜，以供参考（表5–6）。

表5–6 20种常见高DHA含量鱼的补硒抗衰老作用排行榜

鱼的种类	灰分含量/（g/100g）	硒供应量/（μg/100g）	补硒排行
鲐鱼	1.64	58.00	1
小黄鱼	1.10	55.20	2
鲮鱼	1.19	48.10	3
带鱼	1.21	36.60	4
黄鳝	0.96	34.60	5
鲈鱼	1.10	33.10	6
鳜鱼	1.26	26.50	7
大西洋鲑	1.93	26.00	8
黑鱼	1.20	24.60	9
海鳗	1.30	17.00	10
黄鳍金枪鱼	0.94	16.70	11
黄颡	1.03	16.10	12
鲫鱼	1.20	14.30	13
拟沙丁鱼	1.90	—	14
褐牙鲆	1.24	—	14
大菱鲆	0.95	—	14
青石斑鱼	1.33	—	14

续表

鱼的种类	灰分含量/（g/100g）	硒供应量/（μg /100g）	补硒排行
鳙鱼	1.56	—	14
鲟鱼	1.13	—	14
鲶鱼	1.04	—	14

从表5-6可以看出，上述20种鱼只有13种鱼的肌肉中检测出微量元素硒，而拟沙丁鱼、褐牙鲆、大菱鲆、青石斑鱼、鳙鱼、鲟鱼和鲶鱼未检测出硒的存在。硒含量排第1位的是鲐鱼，高达58.00μg/100g，是鲫鱼的4.06倍；排在第2位的是小黄鱼（黄花鱼），含量达55.20μg /100g，是鲫鱼的3.86倍；鲮鱼、带鱼、黄鳝、鲈鱼、鳜鱼、大西洋鲑、黑鱼和海鳗分别列第3 ~ 10位。其中，硒含量排在前10位的海水鱼、淡水鱼各5种。

5.1.7 补锌与改进食欲作用比较

在上述20种常见高DHA含量的海水鱼、淡水鱼中，除鲶鱼外，其他19种鱼的肌肉中检测出微量元素锌。锌对人体具有重要的生理功能，其生理作用包括以下几个方面。

① 促进人体生长发育：处于生长发育期的儿童、青少年如果缺锌，会导致发育不良，严重缺乏时，会导致“侏儒症”和智力发育不良。

② 维持人体正常食欲：缺锌会导致味觉下降，出现厌食、偏食甚至异食。

③ 增强人体免疫力：锌元素是免疫器官胸腺发育的营养素，只有锌量充足才能有效保证胸腺发育，正常分化T淋巴细胞，促进细胞免疫功能。

④ 增强创伤组织再生能力：缺锌会影响皮肤健康，出现皮肤粗糙、干燥等现象，皮肤创伤治愈变慢，对病菌的易感性增加。

⑤ 促进性功能：锌元素大量存在于男性睾丸中，参与精子的整个生成、成熟和获能的过程。男性一旦缺锌，就会导致精子数量减少、活力下降、精液液化不良，最终导致男性不育。

因此，经常食用这些锌含量高的鱼肉可补充人体锌的缺乏，对于改进食欲和促进人体的生长发育具有一定作用。根据每100g鱼肉中锌的含量，列出20种常见高DHA含量鱼的补锌作用排行榜，以供参考（表5-7）。

表5-7　20种常见高DHA含量鱼的补锌作用排行榜

鱼的种类	灰分含量/（g/100g）	锌供应量/（mg/100g）	补锌作用排行
鲈鱼	1.10	2.83	1
黄鳝	0.96	2.01	2
鲫鱼	1.20	1.94	3
黄颡	1.03	1.48	4
拟沙丁鱼	1.90	1.10	5
鳜鱼	1.26	1.07	6
黄鳍金枪鱼	0.94	1.04	7
鲐鱼	1.64	1.02	8
小黄鱼	1.10	0.94	9
海鳗	1.30	0.89	10
带鱼	1.21	0.70	11
鲮鱼	1.19	0.83	12
黑鱼	1.20	0.80	13
褐牙鲆	1.24	0.50	14
鳙鱼	1.56	0.43	15
鲟鱼	1.13	0.42	16
青石斑鱼	1.33	0.40	17
大西洋鲑	1.93	0.40	18
大菱鲆	0.95	0.22	19
鲶鱼	1.04	—	20

从表5-7可以看出，上述20种鱼的肌肉中锌含量排第1位的是鲈鱼，高达2.83mg/100g，是位列第19位大菱鲆的12.86倍；排在第2位的是黄鳝，含量达2.01mg/100g，是大菱鲆的9.14倍；其他位列补锌作用第3 ~ 10位的鱼分别是鲫鱼、黄颡、拟沙丁鱼、鳜鱼、黄鳍金枪鱼、鲐鱼、小黄鱼和海鳗。其中，排在前10位的海水鱼、淡水鱼各5种。

5.1.8　补充维生素作用比较

维生素是维持人体健康所必需的一类营养素，为低分子有机化合物，它们绝大多数不能在体内合成，或者所合成的量难以满足机体需要，必须由食物供给。

维生素具有以下几个共同特点。

① 存在于天然食物中。

② 绝大多数不能在体内合成（维生素D、维生素K等少数维生素除外）。

③ 不是机体结构成分，不提供能量，但在调节物质代谢过程中起重要作用。

人体每日只需少量维生素即可满足代谢需要，但是绝不能缺少，否则缺乏到一定程度，就引起维生素缺乏症。

维生素按溶解性可分为两大类，即脂溶性维生素和水溶性维生素。脂溶性维生素包括维生素A、维生素D、维生素E和维生素K，它们能溶解在脂肪中，伴随脂肪进入人体；水溶性维生素包括维生素C和B族维生素（维生素B_1、维生素B_2、维生素B_6、维生素B_{12}、烟酸、泛酸、叶酸、生物素等），它们能溶解在水里，伴随水分进入人体。

20种常见高DHA含量海水鱼、淡水鱼肌肉中含有的维生素种类和含量差别都较大，我们根据不同鱼类检测出来的维生素种类多少列出其排行，以供参考（表5-8）。

表5-8　20种常见高DHA含量鱼类补充维生素种类排行榜

鱼的种类	含有维生素的名称	提供维生素种类数	补充维生素种类排行
褐牙鲆	维生素A、维生素D、维生素E、维生素B_1、维生素B_2、维生素B_6、维生素B_{12}、维生素C、烟酸、叶酸、泛酸	11	1
海鳗	维生素A、维生素D、维生素E、维生素B_1、维生素B_2、维生素B_6、维生素B_{12}、维生素C、烟酸、叶酸、泛酸	11	1
黄鳍金枪鱼	维生素A、维生素D、维生素E、维生素B_1、维生素B_2、维生素B_6、维生素B_{12}、烟酸、叶酸、泛酸	10	2
鲐鱼	维生素A、维生素D、维生素E、维生素B_1、维生素B_2、维生素B_{12}、维生素C、烟酸、叶酸、泛酸	10	2
鲟鱼	维生素A、维生素D、维生素E、维生素K、维生素B_1、维生素B_2、维生素B_6、维生素B_{12}、烟酸、叶酸	10	2
拟沙丁鱼	维生素A、维生素D、维生素E、维生素B_1、维生素B_2、维生素B_6、维生素B_{12}、烟酸、叶酸、泛酸	10	2
大西洋鲑	维生素A、维生素D、维生素E、维生素B_1、维生素B_2、维生素B_6、维生素B_{12}、烟酸、叶酸	9	3
青石斑鱼	维生素A、维生素D、维生素E、维生素B_1、维生素B_2、维生素B_{12}、维生素C、烟酸、叶酸	9	3

续表

鱼的种类	含有维生素的名称	提供维生素种类数	补充维生素种类排行
大菱鲆	维生素A、维生素B_1、维生素B_2、维生素B_6、维生素B_{12}、维生素C、烟酸、叶酸	8	4
鲈鱼	维生素A、维生素D、维生素E、维生素B_1、维生素B_2、烟酸	6	5
鳜鱼	维生素A、维生素E、维生素B_1、维生素B_2、烟酸	5	6
鳙鱼	维生素A、维生素E、维生素B_1、维生素B_2、烟酸	5	6
带鱼	维生素A、维生素E、维生素B_1、维生素B_2、烟酸	5	6
鲫鱼	维生素A、维生素E、维生素B_1、维生素B_2、烟酸	5	6
黄鳝	维生素A、维生素E、维生素B_1、维生素B_2、烟酸	5	6
鲮鱼	维生素A、维生素E、维生素B_1、维生素B_2、烟酸	5	6
黑鱼	维生素A、维生素E、维生素B_1、维生素B_2、烟酸	5	6
黄颡	维生素E、维生素B_1、维生素B_2、烟酸	4	7
小黄鱼	维生素E、维生素B_1、维生素B_2、烟酸	4	7
鲶鱼	维生素B_1、维生素B_2、烟酸	3	8

从表5-8可以看出，能够提供8种以上维生素的都是海水鱼类，其中，牙鲆和海鳗的维生素种类多达11种，大菱鲆肌肉也能提供8种维生素；而淡水鱼提供的维生素只有3 ~ 6种，其中，鲈鱼可提供6种，而鲶鱼只有3种。可见，海水鱼肌肉含有的维生素种类远远大于淡水鱼类。因此，如果单从提供维生素的种类数来看，海水鱼类补充维生素的作用强于淡水鱼类。

5.1.9 其他特殊作用

20种鱼除了上述食疗作用之外，有些鱼类还有一些特殊的食疗作用或者医疗作用。

（1）金枪鱼的特殊作用　金枪鱼肌肉中蛋氨酸+胱氨酸的含量高达2.07%，居于20种海水鱼、淡水鱼之首。研究证实，高量的蛋氨酸和胱氨酸有助于保护肝脏，强化肝脏的功能，特别是对饮酒者有保肝护肝之效。

（2）牙鲆的特殊作用　据《中国药用动物志》记载，牙鲆味甘、性平、无毒，能补虚益气。具调理脾胃，解毒和胃作用，对饮食不节、脾胃不和、脾气下陷、食蚝中毒、恶心呕吐、胃脘痛、腹泻有一定作用。

（3）大菱鲆（多宝鱼）的特殊作用　大菱鲆胶质蛋白质含量高，营养丰富，具有很好的滋润皮肤和美容的作用，且能补肾健脑，助阳提神；经常食用，可以滋补健身，提高人的抗病能力。

（4）小黄鱼的特殊作用　小黄鱼有“美味海药”之称。古诗云：“东篱采菊未须夸，欲遣春情向酒家。河争桃红柳绿日，嘉鱼偏自号黄花。”从诗中可以看出人们对黄花鱼情有独钟。

《本草纲目》记载：“（黄花鱼）肉：甘，平，无毒。合莼菜做羹，开胃益气。鲞（xiǎng）：炙食，能消瓜成水，治暴下痢，及卒腹胀，食不消。消宿食，主中恶。鲜者不及。”其“鱼脑石”具有治疗肾结石、胆结石、膀胱结石、排尿不畅、鼻窦炎、慢性鼻炎、萎缩性鼻炎等功用。其鱼鳔有止血之效，能防治出血性紫癜。

（5）石斑鱼的特殊作用　石斑鱼的鱼皮含有丰富的胶原蛋白，对增强上皮组织的完整生长和促进胶原细胞的生长具有重要作用，因此，石斑鱼被称为美容护肤之鱼。

（6）带鱼的特殊作用　我国医学认为，带鱼甘咸、性温，入脾、胃经。对肝炎、外伤出血、疖疮痈肿等症有一定作用。近年来，科学家们又发现，带鱼体表的那层银白色的油脂中，含有一种抗癌成分β－硫代鸟嘌呤，它能有效地治疗急性白血病及其他癌症。另外，带鱼肉中还含有卵磷脂，可以增强皮肤表面细胞的活力，使皮肤细嫩、柔润，使头发乌黑亮丽，所以适当食用带鱼可能起到抗癌作用及润肤养发之效。

（7）三文鱼（大西洋鲑）的特殊作用　三文鱼能有效地预防诸如糖尿病等慢性疾病的发生、发展，具有很高的营养价值，享有“水中珍品”的美誉。

（8）海鳗的特殊作用　据牛慧娜等2018年研究报道，海鳗的鱼皮胶原蛋白（PEC）具有较高的纯度，其药效氨基酸含量占40.29%，铁、铜等矿物质元素含量丰富。PEC能够显著地提高缺铁性贫血（IDA）大鼠的血红蛋白（Hb）、血清铁含量和红细胞数，降低网织红细胞数和血清中可溶性转铁蛋白受体含量，缓解骨髓异常增生，较好地改善缺铁性贫血，还可以促进铁剂的吸收。

（9）沙丁鱼的特殊作用　据袁学文、王炎冰2018年报道，以远东拟沙丁鱼为原料制备的低聚肽能显著提高正常小鼠脾淋巴细胞的增殖能力；显著提高正常小鼠脾脏指数和空斑数，体液免疫功能结果为阳性。结果表明，远东拟沙丁鱼的低聚肽具有增强免疫力的功能。

（10）鲈鱼的特殊作用　鲈鱼具有补五脏、益肝脾、主安胎作用。《本草经疏》云："鲈鱼，味甘淡，气平，与脾胃相宜。"历代本草都有记载：鲈鱼有补五脏、益肝脾、主安胎、治水气及强筋骨等功效。适宜贫血头晕、妇女妊娠水肿和胎动不安者食用。

（11）黑鱼的特殊作用　黑鱼具有去湿利尿、通气消胀、养心补肾、养血补虚等作用。据《神农本草经》记载，黑鱼"味甘寒，主湿痹、面目浮肿，下水气。"可见黑鱼具有去湿利尿、通气消胀、祛风之作用，可用于预防水肿、湿痹、小便不利等症。《滇南本草》记载，"大补血气，治妇人干血痨症。煅为末服之，又煮茴香食，治下元虚损。"可见，食用黑鱼具有去瘀生新、生肌补血、滋补调养、促进伤口愈合等功效。这与黑鱼肌肉中铁、锰含量高有关。民间常视黑鱼为珍贵补品，用以催乳、补血。

（12）鲮鱼的特殊作用　《本草求原》中记载，鲮鱼的食疗功效与鲫鱼类似，都具有补中开胃、补益气血的作用。鲮鱼还具有健脾养胃的功效，特别适合脾胃虚弱的人食补。

（13）鲟鱼的特殊作用　鲟鱼软骨中所含抗癌因子（生物有效活性成分）是鲨鱼软骨的15 ~ 20倍。鲟鱼软骨是一种低脂类的食品，粗脂肪含量仅为1.99%。由此说明，鲟鱼的软骨具有一定的抗癌效果。

（14）鲫鱼的特殊作用　《本草求原》中记载，鲫鱼具有补中开胃、行水消肿、补益气血的作用。民间常用鲫鱼熬汤给产妇催乳，效果良好。

（15）鳜鱼的特殊作用　我国历代视鳜鱼为中华母亲河——黄河、长江的四大名鱼之首，名副其实的"淡水鱼之王"。据中医药膳典籍记载，鳜鱼是具有"补气血、益脾、健胃、美容"滋补功效的营养保健食品。尤其适宜体质虚弱、虚劳羸弱、脾胃气虚、饮食不香、营养不良者和老人、幼儿、妇女、病后者、脾胃虚弱者。

（16）黄鳝的特殊作用　黄鳝不仅为席上佳肴，其肉、血、头、皮均有一定的药用价值。据《本草纲目》记载，黄鳝有补血、补气、消炎、消毒、祛风湿等功效。黄鳝肉性味甘、温，有补中益血、治虚损之功效，民间用以入药，可治疗虚劳咳嗽、湿热身痒、肠风痔漏、耳聋等症。黄鳝头锻灰，空腹温酒送服，能治妇女乳核硬痛。其骨入药，兼治镰疮，疗效颇显著。其血滴入耳中，能治慢性化脓性中耳炎；滴入鼻中可治鼻衄、鼻出血；外用时还能治口眼歪斜，颜面神经麻痹。有人说“鳝鱼是眼药”，过去患眼疾的人都知道吃鳝鱼有好处。常吃鳝鱼有很强的补益功能，特别对身体虚弱、病后及产后之人更为明显。我国医学认为，它有补气养血、温阳健脾、滋补肝肾、祛风通络等医疗保健功能。

鳝鱼含有降低血糖和调节血糖的“鳝鱼素”，且所含脂肪极少，是糖尿病患者的理想食品。鳝鱼含丰富维生素，能增进视力，促进皮膜的新陈代谢。

鳝鱼血清有毒,但毒素不耐热,能被胃液和加热所破坏,一般煮熟食用不会发生中毒现象。民间用鳝鱼血治病,是否为血中毒素的作用所致,尚待深入研究。

5.2 20种常见高DHA含量鱼的选购技巧

在我们的日常生活中，常见的鱼类主要有冷冻鱼、冰鲜鱼和活鱼3种形式。活鱼肯定是最新鲜的，而冷冻鱼和冰鲜鱼有何区别呢?

冷冻鱼是指直接从海里捕捞上来的活鱼，经过装袋装箱后送进大型冷库，-20℃以下的低温保存。根据我国国标《鲜、冻动物性水产品卫生标准(GB2733—2005)》规定，冷冻产品应包装完好地储存在-18 ~ -15℃的冷库内，储存期不得超过9个月。从口感来看，鱼在冷冻过程中，内部的水分冻结形成冰晶，会导致鱼肉蛋白质发生冷冻变性，带来一系列理化性质的改变，包括蛋白质空间结构和疏水性的变化，凝胶性和保水性的降低，盐溶性蛋白质含量降低，ATP酶活性降低等，这些都会造成鱼肉的品质和口感下降，使肉质变硬，嫩度降低。也就是说，冷冻鱼的口感一般比冰鲜鱼要差一点。从营养角度看，鱼类冷冻内部形成冰晶的过程中，会从鱼肉的肌原纤维中夺走结合的水分。解冻时融化的水，无法再与蛋白质分子聚合形成结合水，无法被全部吸收回鱼肉中，就造成了汁液流失。汁液流失伴随着鱼肉中的一小部分可溶性蛋白质、盐类、维生素等水溶性营养物质的流失，可以说在一定程度上降低了营养价值。但这点损失并不影响鱼类的核心营养价值(图5-1)。

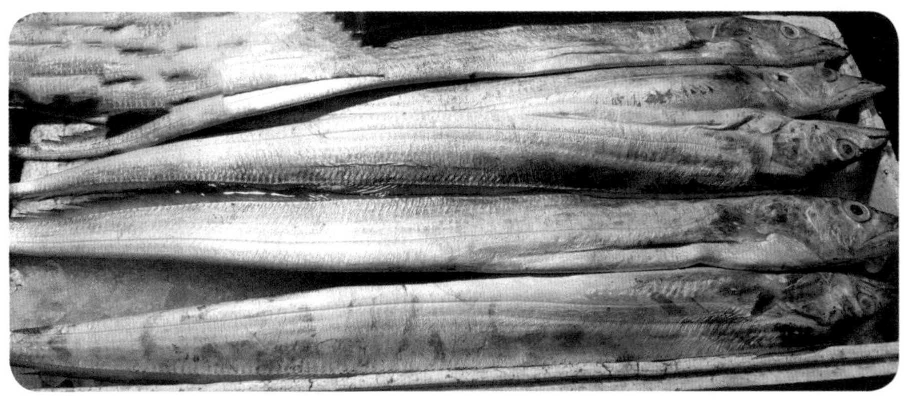

图5-1　冷冻带鱼（张家国 摄）

冰鲜鱼主要分为两类：第一类指只是简单使用冰块将鱼进行冰冻，未进行内脏处理，鱼的温度一般在0℃，此类鱼经常可以在海鲜市场买到，且冷藏时间不超过3天；第二类指使用低温技术将新鲜捕捞的活鱼经过现杀清洗等工序后直接急冻，迅速将鱼的温度降到零下十几度，可以保证鱼的新鲜及锁住鱼肉营养，同时通过低温技术处理的冰鲜鱼还能有效避免鱼类产品在长途运输中产生二次交叉污染问题，一般保存期3个月仍可保持鱼的营养及新鲜度（图5-2）。

目前，鱼类根据其储藏保鲜和保活方式主要分为冷冻鱼、冰鲜鱼和活鱼3种，下面分别介绍其选购技巧。

图5-2　冰鲜三文鱼（张家国 摄）

5.2.1 活鱼的选购技巧

上述20种鱼中，海水鱼只有石斑鱼、牙鲆、大菱鲆3种和10种淡水鱼以活鱼的方式进行销售，活鱼选购的方法和技巧如下。

5.2.1.1 活鱼选购的基本技巧

活鱼选购的基本技巧可以总结为“三看一查”辨识法。

① 看形态。健康的活鱼身体完整而匀称，形态无变形，腹部不膨胀。不健康的活鱼身体不匀称，有的鱼体畸形，有的过于肥胖（若鱼肚严重膨胀，要么是投喂的饲料营养不完全，导致鱼体内脂肪累积严重，要么是商家在卖鱼之前喂了很多饲料），这样的活鱼带回家后很快就会死亡。

② 看泳姿。健康的鱼在水中游泳轻松流畅，泳姿优雅；不健康的鱼在水中不游动或者很少游动，有的身体倾斜游动，有的腹部朝上游动，还有的鱼“一头沉”（头朝下）。

③ 看逃逸能力。健康的鱼对捕捉的反应非常敏感，用手抓捕和用捞海捕捞时，能够迅速逃逸，当捕捞到以后，用手抓时，挣脱能力很强；不健康的鱼对捕捉的反应比较迟钝，容易被抓捕，用手抓时挣脱能力弱。

④ 查伤病。健康的鱼体表无伤痕和溃烂、无出血痕迹，体表面和鳍条、鳃部干净无寄生虫；不健康的鱼体表往往有溃烂、鳍条基部和头部出血，身体表面和鳃丝有絮状物，偶尔可见有寄生虫。

5.2.1.2 活鱼选购的特殊技巧

（1）野生鱼和养殖鱼的辨识技巧　尽管目前淡水鱼野生的较少，但如果细心选择，还是可以辨识出野生种类的。其辨识方法总结为“四看一摸”辨识法。

① 看野性。由于野生鱼长期生长在大水体之中，其野性十足，抓捕困难；而人工养殖的鱼其生活的水体小，游动距离短，活动量少，比野生鱼温顺而易被抓捕。

② 看肥瘦。由于野生鱼的食物来源困难，往往营养不足，因此，外表看起来大都比较瘦长；而由于养殖鱼的饲料来源充足，游动量少，因此，体形看起来

比较肥胖粗短。

③ 看体色。野生鱼的颜色比养殖的更加鲜艳，体色更加丰富多彩；而养殖鱼的体色一般比较暗淡，色彩不丰富。有的养殖鱼体色发黑，有的养殖鱼光泽度差。例如，野生的鲶鱼体表光滑无鳞，体色呈黄褐色或青灰色，腹部白色；而人工养殖的鲶鱼通体发黑。

④ 看花纹。野生鱼体侧的花纹或者斑块多而清晰，有的鱼腹部也带有各种颜色的花纹，而养殖鱼体侧的花纹或者斑块少而清晰度差，大多数种类的鱼腹部呈灰白色。

⑤ 摸弹性。由于野生鱼生长在海洋或江河、湖泊、水库之中，要依靠自己的力量去捕捉食物，运动量大，因此，用手摸可以感觉其肉质较硬而弹性大；而养殖的鱼运动量小，所以用手摸可以感觉其肉质软而弹性小。

（2）活石斑鱼的选购技巧

① 选择肥厚有弹性的鱼。石斑鱼的肉质较结实、分布均匀，所以不论鱼的头部、中段还是鱼尾，吃起来滋味都不错，尤其是鱼的中段，鱼肉鲜美又大块，整片烹煮或是切片、切块来做菜，都有很好的口感与鲜度，而鱼尾也鲜嫩肥美，适合整块烧煮。

② 选择鱼身有光泽、鱼眼不混浊、鱼鳞无脱落、鱼肉紧密、鱼腹肥大的为佳，这样的石斑鱼比较优质。

③ 选择体重适中的鱼。选择石斑鱼的时候，鱼无需太大，鱼的体长30 ~ 40cm、体重在0.75 ~ 1.5kg为宜。

（3）海鲈鱼与淡水鲈鱼的辨别

① 市面上所售卖的淡水养殖鲈鱼一般都是活的，而海鲈鱼则以冰鲜和冷冻为多。

② 海鲈鱼和淡水鲈鱼相比，体形要更大，海鲈鱼的体形长而粗，鱼鳞很粗糙，体重在1.5 ~ 1.8kg，鱼嘴尖尖的，上颌比下颌短。淡水鲈鱼比海水鲈鱼体形胖而圆一些，体重比较小，一般在0.5 ~ 1.0kg。

③ 海鲈鱼和淡水鲈鱼的肉质、口感不一样。从口感上来讲淡水鲈鱼比海鲈鱼更加好吃一些，海鲈鱼的肉质比较“柴”，腥味较重；而淡水鲈鱼腥味轻，肉质则像“蒜瓣肉”，肉质有弹性，更加鲜香。

（4）冒充中华鲟的杂交鲟　由于鲟鱼种类繁多，部分种类濒临灭绝，因此，大多为保护种类。目前，市场上销售的主要是杂交鲟。有的不法商家用杂交鲟冒充中华鲟销售，售价奇高，请读者注意识别。

杂交鲟是由鳇鱼和鲟鱼杂交产生的鱼种。中国水产科学研究院黑龙江水产研究所于1998年开始从俄罗斯引进，经过5年的养殖，成为引进鲟鱼中的主要养殖品种。

杂交鲟躯体延长，背部黑色，腹部白色，被5行骨板，具有生长速度快、饲料转化率高、抗病力强、营养价值高、肌肉无杂刺等特点。

（5）鲶鱼的选购技巧——要选4根胡子的鲶鱼

① 看胡须数量。鲶鱼尽量选购4根胡须的土鲶鱼和南方大口鲶，这两种鲶鱼一般是在大水面进行养殖，有的是野生种类，因此，肉味鲜美，土腥味很少。而8根胡须的是革胡子鲶，大多是集约化高密度养殖，而且有的养殖户投喂肉食鸡加工的下脚料（如鸡的肠子等）养殖鲶鱼，肉质较差，土腥味很重。

② 看鱼体颜色。鲶鱼因种类不同，鱼体的颜色差异较大。野生鲶鱼体表光滑无鳞，体色呈青灰色或牙黄色，腹部白色，牙黄色的鲶鱼身上有花斑。养殖的革胡子鲶通体呈黑色，无花斑。

③ 买鲶鱼除了要买鲜活的鲶鱼之外，要特别注意在清洗的时候把鲶鱼的鱼子清除干净，因为鱼子有毒，食用之后可能会导致腹痛、腹泻或者呕吐，严重的会导致瘫痪。

（6）鳙鱼与鲢鱼的区别　鳙鱼，鱼头大而肥，鱼脑营养丰富，鱼的肉质雪白细嫩，其鱼头和鱼肉中含有较高的脑黄金（DHA），是鱼头火锅、剁椒鱼头的首选；鱼鳃下边的肉呈透明的胶状，里面富含胶原蛋白，具有修复细胞损伤和养颜美容之功效；鳙鱼的肉水分充足，口感好。因此，鳙鱼越来越受到消费者的欢迎。由于鳙鱼和鲢鱼价格差别较大，而鳙鱼的外形与鲢鱼（又叫白鲢、鲢子等）相似，因此，有些不法商家用鲢鱼冒充鳙鱼来欺骗消费者。请读者注意识别。

① 鳙鱼的头很大，从前端到鳃盖后边缘的长度占体长的1/3；鲢鱼头比鳙鱼小得多，从前端到鳃盖后边缘的长度占体长的1/4左右。

② 鳙鱼的体色发黑而且有斑点，其眼的位置较低；鲢鱼体色比鳙鱼淡得多，从背部到腹部颜色逐渐变白，身体无花纹。

③ 鲢鱼性格急躁，喜跳跃，对氧气的需求量大，难以暂养，因此，市面基本上没有活鲢鱼销售；而鳙鱼性情温顺，对低氧的耐受力高，可以暂养，因此，

活鱼销售的形式比较常见。

（7）活黄鳝的选购技巧　由于黄鳝与其他鱼的形态、捕捞方式差别很大，其选购方法也不相同。

① 选择笼捕黄鳝。黄鳝的捕获方法主要有笼捕、电捕、针钓、药捕、徒手捕捉等。针钓的黄鳝口部常伴有针孔、头部皮肤擦伤、腹部皮肤磨伤等，电捕、药捕和手抓的黄鳝也因受到不同的伤害而难以存活；只有笼捕的黄鳝活力强、成活率高，因此，尽量选购笼捕的鳝鱼。

② 选择深黄色或淡黄色品种。黄鳝较为常见的有深黄大斑鳝、浅黄细斑鳝、青灰鳝。深黄色或浅黄色的鳝鱼个体肥壮，体色鲜艳，背部和两侧分布不规则的黑褐色花斑，从体前端至后端在背部和两侧连接成数条斑线，生长速度快，肉质细腻，味道鲜美。青灰色的细斑鳝生长速度慢，个体较小，出肉率较低，肉质较硬。

③ 选择无病无伤的黄鳝。鳝鱼的体表有明显红色的带血块状腐烂病灶，为黄鳝患有腐皮病；尾部发白带有絮状绒毛，为黄鳝患有水霉病；头大体细，甚至呈僵硬状卷曲、颤抖，为黄鳝体内带有寄生虫；肛门红肿发炎突出，为黄鳝患有肠炎病。患病的黄鳝在挑选时应当尽量予以剔除。

④ 选择体表光滑、黏液丰富的黄鳝。有病带伤的黄鳝，全身或局部黏液脱落或减少，手抓时无光滑感或光滑感不强，有的鳝鱼在抓起时黏液明显脱落，这类黄鳝尽量不要购买。

⑤ 选择挣脱逃逸力强的黄鳝。健康的黄鳝手抓时感觉鱼体硬朗，并有较大的挣脱逃逸力；如果手抓时感觉柔软无力、两端下垂为不健康的黄鳝。

⑥ 选择对声音敏感的黄鳝。将黄鳝倒入盛浅水的盆中，游姿正常，稍遇响声或干扰，整盆黄鳝会因突然受惊抖动而发出水响声，这说明黄鳝敏感健康。如果看到有的“浮头”、有的肚皮朝上均为不健康个体，应予剔除。

5.2.2　冰鲜鱼的选购技巧

5.2.2.1　分割冰鲜鱼的选购技巧

分割冰鲜鱼主要有金枪鱼和三文鱼两类，下面分别说明其选购技巧。

（1）金枪鱼的选购技巧　金枪鱼作为一种远洋鱼类，生活在水深100 ~ 400m

的大洋深处，肉质受到近海以及沿岸水域的污染较低。再者，金枪鱼从捕捞、运输、加工到最后的消费环节，要求非常严格，营养成分损失较少，因此金枪鱼肉被称为安全放心的绿色食品。国内市场上，金枪鱼被视为高级食品，主要以生鱼片寿司、调味品和罐装食品等方式被消费。

海鱼很多时候被人们称为海鲜，在一定程度上鲜度代表着其品质和鲜味，从价格上来也说，活鱼最贵，其次是冰鲜鱼、冷冻鱼、加工制品等逐渐下降。由于金枪鱼体形太大，难以活运，为了维持金枪鱼特有的鲜红色，捕捞后一般是分割加工成块状再迅速冷冻储存，其方式主要是超低温冷藏，即把金枪鱼去内脏，剔除瘀血碎肉，先经过快速冻结，使产品中心温度在很短的时间内达到-18℃，再取金枪鱼肌肉，密封包装，放在-55℃以下的超低温下冻藏，保存期在180天以上。在销售之前再采用一定的方式进行解冻，将解冻好的鱼肉切成6cm×2cm×0.5cm的薄片于低温下放置和销售。

金枪鱼是最近10年才开始被国内认识和认可的鱼类，然而由于对其认识度不高，很多消费者对如何挑选金枪鱼不知如何下手，冰鲜金枪鱼的选购技巧可归结为“三看一品”鉴别法。

① 看色泽。冰鲜金枪鱼肉由背到腹呈深红色至淡红色渐变，鱼肉色泽自然且不会同一色，不同个体之间也有个体差异（图5-3）。

② 看弹性。新鲜的金枪鱼肉纹理自然清晰，肉质结实不松散，手指轻压后，鱼肉会慢慢恢复。

③ 看光泽。新鲜的金枪鱼切开后，切面会产生一层自然的油分光泽，光泽亮度越鲜明鱼肉鲜度越高。

④ 品口感。冰鲜金枪鱼口感清爽，肉质有弹性，吃完口腔会有金枪鱼独有的清甜鱼肉之味道。

（2）冰鲜三文鱼（大西洋鲑）的选购技巧　低温保鲜技术能维持三文鱼的原有生物学特性，是最早和最广使用的保鲜方式。低温保鲜技术日益完善，常见的为冻藏保鲜、冷藏保鲜、微冻保鲜。冻藏保鲜是利用低温将水产品的中心温度降至-18℃以下，使得体内组织含有的绝大部分水分被冻结，然后在-18℃以下进行储藏、流通的保鲜方法，其货架期长达258天；冷藏保鲜技术是用制冰机或制冷系统将新鲜水产品的温度降至或接近冰点，但并不冻结的保鲜方法，在0℃储藏下的三文鱼片的货架期为15 天；微冻保鲜技术是将储藏温度控制在生物体

图5-3 生鲜金枪鱼（张家国 摄）

冰点（冻结点）及冰点以下1 ～ 2℃的保鲜技术，较之传统冷藏技术能更有效地抑制微生物的生长、延长食品保质期、维持食品原有风味，可将货架期延长到22天。

由于三文鱼在冰鲜销售时，可以看到整条鱼，因此，其选购技巧可归结为“三看”鉴别法。

① 看鱼眼。如果能够看到整条的三文鱼，新鲜三文鱼的鱼眼清亮，瞳孔颜色很深而且闪亮；而不新鲜的三文鱼的鱼眼暗淡，瞳孔颜色很浅而且模糊。

② 看鱼鳃。新鲜三文鱼的鱼鳃色泽鲜红，并且伴有红色黏液。而不新鲜的三文鱼，鱼鳃则会呈淡黄色、黑色。

③ 看肉色。冰鲜的三文鱼，鱼肉纹路清晰，呈现鲜艳的橙红色，并且带有隐隐的油润光泽，非常漂亮；不新鲜的三文鱼，鱼肉的颜色也是橙红色，但缺乏光泽，还可以明显地看出在鱼肉和鱼皮的连接处颜色发暗。

小贴士：大西洋鲑和虹鳟的辨别技巧

大西洋鲑是属于鲑鳟鱼类的商业名称。虹鳟从广义上说，是可以叫“三文鱼”的；从狭义上说，虹鳟是要排除在外的。

① 看鱼的花纹。整条虹鳟鱼和大西洋鲑，外形有所区别，虹鳟身上有

一条红色的条状斑纹，还有一种叫金鳟，全身金黄色；大西洋鲑背部青黑色，布满黑色的点状花纹，而没有红色的条状斑纹。

② 看鱼皮。如果是购买冰鲜的三文鱼，从鱼皮上看，大西洋鲑的皮更细嫩一些，表面更亮，而虹鳟的鱼皮颜色更暗一些。

③ 看鱼肉的纹路。大西洋鲑的脂肪含量较高，白色的线条较宽，而且线条边缘比较模糊（图5-4）。虹鳟的脂肪含量少，所以线条细而且边缘很硬，也就是红白相间很明显（图5-5）。

图5-4 冰鲜大西洋鲑肉（张家国 摄）

图5-5 虹鳟鱼肉（张家国 摄）

5.2.2.2 冰鲜整鱼的选购技巧

冰鲜鱼的出口标准：要求鱼体色泽正常，鱼眼平坦明亮，没有变质充血和混浊，允许有因外伤造成的血丝，鱼肉有弹性，指压后能迅速复原，允许有不显著影响外观的轻微机械伤，腹部损伤不得透膛。

除了上面谈到的金枪鱼和三文鱼是以分割形式销售之外，绝大多数的海淡水冰鲜鱼都是以整条鱼的形式进行销售，其选购技巧可归结为“六看一摸”辨识法。

① 看鱼鳃。新鲜的鱼鳃盖紧闭，鳃丝色泽鲜红，有的还带血，无黏液和污物，无异味。如果鱼鳃淡红色或灰红色，鱼已不太新鲜；如果鱼的鳃丝呈灰白色或变黑色，附有浓厚黏液与污垢，并有臭味，说明鱼已腐败变质。

② 看鱼眼。新鲜鱼的鱼眼光洁明亮，略呈凸状，完美无遮盖。不新鲜鱼的鱼眼灰暗无光，甚至还蒙上一层糊状厚膜或污垢，使眼球模糊不清，并呈凹状，腐败变质鱼的眼球破裂移位。

③ 看鱼鳍。新鲜鱼的鱼鳍表皮紧贴鳍条，完好无损，色泽光亮。不新鲜鱼的鱼鳍表皮破裂，色泽减退。腐败变质鱼的鱼鳍表皮剥脱，鳍条散开。

④ 看表皮。新鲜鱼的表皮有光泽，鳞片完整，紧贴鱼身，鳞层清晰，鱼身附着稀薄黏液。不新鲜鱼的表皮灰暗无光，鳞片松脱，层次模糊不清，有的鱼鳞片变色。腐败变质的鱼色泽全变，表皮液体粘手，且有臭味。

⑤ 看体态。新鲜鱼拿起来身硬体直，有的鱼为保鲜而放入冰块，头尾往上翘，仍然是新鲜的。若拿在手上鱼肉无弹性，头尾松软下垂，就不够新鲜。

⑥ 看鱼腹。新鲜的鱼腹部紧密不膨大，肛门周围呈一圆坑状；不新鲜的鱼腹部胀大松软，肛门突出。

⑦ 摸肉质。新鲜鱼的鱼肉组织紧密，肉质坚实，用手按弹性明显，不新鲜的鱼松开按压处，凹陷久久难以平复。

小贴士：小黄鱼与大黄鱼的区别

大黄鱼与小黄鱼外形极相似，其主要区别是：大黄鱼的鳞片较小，小黄鱼的鳞片较大而稀少；大黄鱼的尾柄较长，小黄色尾柄较短；大黄鱼臀鳍第二鳍棘等于或大于眼径，而小黄鱼则小于眼径；大黄鱼骸部具4个不明显的小孔，小黄鱼具6个小孔；大黄鱼的下唇长于上唇，口闭时较圆，小黄鱼上、下唇等长，口闭时较尖。大黄鱼体形大，体长40 ~ 50cm，但小黄鱼体形较小，一般体长16 ~ 25cm、体重200 ~ 300g（图5-6、图5-7）。

图5-6　冰鲜大黄鱼（张家国 摄）

图5-7　冰鲜小黄鱼（张家国 摄）

小贴士：真假黄花鱼的辨别

黄花鱼味道鲜美，烹制好后，独特的“蒜瓣肉”口感非常好，在市场上具有相当的认可度，是非常受欢迎的鱼类。但由于黄花鱼产量有限，很多商贩就想尽办法用其他的鱼来“冒充”黄花鱼，虽然看起来差不多，但味道往往相去甚远。例如，黄花鱼与黄姑鱼长相很接近，但价格相差几倍甚至更多。辨别的方法如下。

（1）看颜色。真黄花鱼肚子上的黄色是自然的淡黄色，腹部、鳍部颜色较深，且不会掉色；而假黄花鱼往往经过染色，染上去的颜料很容易掉色，如果是染色的黄姑鱼，可用卫生纸擦鱼身，纸上会留下明显黄色；鱼化冻后更加明显，假黄花鱼浸泡水中约5分钟，水可能变成啤酒色。有些冰冻的假黄花鱼，甚至在外层的冰面上也会呈现黄色。

（2）看外形。从外形来看，真正的黄花鱼嘴部较圆润饱满，而假的则比较尖；真正的黄花鱼身体也比假的要宽一些。

（3）看鳞片。可以取下一片鱼鳞来鉴别，黄花鱼鱼鳞呈圆形，而假黄花鱼的鱼鳞呈长圆形。

5.2.3 冷冻鱼的选购技巧

5.2.3.1 冷冻鱼选购的基本技巧

冷冻鱼的出口标准：要求鱼体色泽正常，眼球平坦明亮，鳃丝呈淡红色或深红色，鱼肉组织有弹性，鱼体局部允许充血，不得油黄和干枯，鱼体完整，允许有不明显影响外观的轻微机械伤，腹部损伤不得透膛，鱼鳍可稍有残缺。

以冷冻形式销售的海水鱼有黄花鱼（大黄鱼、小黄鱼）、沙丁鱼、鲐鱼和带鱼，冷冻淡水鱼也比较常见。选购的基本技巧归结为“六看一闻”鉴别法。

① 看颜色。新鲜的冷冻鱼鱼体表面明朗光亮，在挑选的时候，如果鱼的表皮泛着各种自身有的光泽，而且整体的颜色比较鲜亮，就是新鲜的鱼。如果鱼体表面没有光泽或者体色黯淡，则是存放过久的冷冻鱼。

② 看眼睛。新鲜的冷冻鱼眼球突出且黑白界限分明，若是鱼的眼珠色泽混

浊，则说明存放太久，不宜购买。

③ 看鳞片。新鲜冷冻鱼的鳞片整齐有序，就像是故意排好的样子；而不新鲜的冷冻鱼鳞片会有大量脱落的现象，而且鳞片排列凌乱不齐。

④ 看鱼鳃。新鲜的冷冻鱼鳃盖紧闭，掰开紧闭的鳃盖能看到鲜红清晰的鳃丝，这样的冷冻鱼肉质鲜美，营养价值高。而不新鲜的冷冻鱼鳃盖松弛甚至腐烂，鳃丝黄色、白色，有的甚至发黑，这样的鱼已经变质。

⑤ 看鱼肚。 看鱼肚有没有破损或变软。如果鱼肚有破损或变软，说明在非冷冻的条件下放置的时间过长，不宜挑选。几乎所有的鱼腐烂都是先从鱼肚子开始的。

⑥ 看冰层厚度。有的冷冻鱼是以单冻的形式冷冻，在挑选时应仔细观察鱼身上的冰层。有的鱼售价很便宜但是冰层很厚，其重量甚至超出鱼的自重，买这样的鱼不划算，因此，应该挑选冰层适中的冷冻鱼。

⑦ 闻气味。新鲜的冷冻鱼，靠近可以闻到一股淡淡的腥味儿，但腥味儿不会太重，如果闻到有腥臭味，说明鱼已不新鲜或者已经变质。

5.2.3.2 冷冻鱼选购的特殊技巧

除了上述一般技巧之外，有些鱼体形、体色差异较大，还有一些选购的特殊技巧。

（1）冷冻带鱼选购的特殊技巧

① 看带鱼的体色。 保鲜良好的带鱼其鱼体呈灰白色或银灰色，如果鱼的体色变为黄色或黄褐色，说明带鱼表面的银白色物质已经脂肪氧化，保存的时间太长，已经很不新鲜。因此，应该挑选鱼体呈灰白色或银灰色的。

② 看鱼皮。带鱼本身没有鱼鳞，但是其体表分布一层银白色类似鳞片的物质，可以通过银白色“鳞”分布得均匀与否判断带鱼是否新鲜。如果这层银白色的“鳞”分布均匀则意味着比较新鲜，反之，则不宜挑选。

③ 挑好段。如果购买带鱼段，在挑选带鱼段时，要选择那些身体宽度较宽的带鱼，同时要避开头段和尾段，尽量选择带鱼身体中间段的部分。

（2）冷冻鲐鱼选购的特殊技巧

看鲐鱼的花纹是否清晰。新鲜的鲐鱼花纹明显，体表无黏液；如果鱼的花纹凌乱，体表有褐色或黄色的黏液表明鱼已经不新鲜了。

（3）冰鲜海鳗选购的特殊技巧

① 看体色。选择鱼身青蓝略带淡红色的海鳗，这样的海鳗品质比较优良。

② 看肥瘦。选择肥瘦适中，脂肪适度的海鳗。

（4）海鳗与淡水鳗鱼的区别

① 分布不同。海鳗广泛分布于非洲东部、印度洋及西北太平洋，我国沿海地区均产，东海为主产区。淡水鳗鱼是一种降河性洄游鱼类，原产于海中，溯河到淡水内长大，后回到海中产卵。每年春季，大批幼鳗（也称白仔、鳗线）成群自大海进入江河口。

② 外形不同。海鳗是凶猛肉食性的经济鱼类，体呈长圆筒形；尾部侧扁；尾长大于头和躯干长度之和；头尖长，眼椭圆形，色泽为青蓝色。淡水鳗，学名鳗鲡，成鳗体形似蛇而全身无鳞，外形似圆锥形，色泽乌黑。

③ 生活习性不同。海水鳗鱼食物主要以虾、蟹、小鱼、章鱼为主。海水鳗鱼类中，以海鳗和山口海鳗数量多、产量大，是重要的食用经济鱼类。淡水鳗鱼常在夜间捕食，食物中有小鱼、蟹、虾、甲壳动物和水生昆虫，也食动物腐败尸体，更有部分个体的食物中发现有高等植物碎屑。

聪明是吃出来的

——20种高DHA含量海水鱼、淡水鱼的科学烹饪方法

6.1 清蒸鱼的做法

6.1.1 清蒸石斑鱼

主料：新鲜石斑鱼1条

辅料：葱1根、生姜2片、小指椒2个、青花椒10g、蒸鱼豉油2勺、食用油

做法：

（1）从鱼肚处用刀剖开，将石斑鱼洗净，切下鱼头、鱼尾，鱼身切段备用。

（2）将葱1根、小指椒2个切段，生姜2片切丝，备用。

（3）将石斑鱼按头、段、尾顺序摆入盘，撒上小指椒段、青花椒、葱段、姜丝，水烧开后上锅大火蒸10分钟，淋上蒸鱼豉油2勺。

（4）将适量食用油烧热，浇到鱼上即可（图6-1）。

6.1.2 清蒸牙鲆

主料：新鲜牙鲆1条

辅料：葱1根、生姜2片、食盐、料酒、蒸鱼豉油1勺、食用油

做法：

（1）将牙鲆洗净，在鱼表面切“一”字花刀。

（2）将葱1根、生姜2片切丝，备用。

（3）用食盐、部分葱丝、生姜丝、料酒腌制鱼10分钟。

（4）水烧开后上锅大火蒸10分钟，淋上蒸鱼豉油1勺，撒上剩余葱丝。

（5）将适量食用油烧热，浇到鱼上即可（图6-2）。

图6-1 清蒸石斑鱼（张家国 摄）

图6-2 清蒸牙鲆（张家国 摄）

6.1.3 清蒸多宝鱼

主料：新鲜多宝鱼1条

辅料：葱1根、生姜3片、红椒1/5个、食盐、料酒1勺（15ml）、蒸鱼豉油1勺半、食用油

做法：

（1）从鱼头下方较软处用刀剖开鱼肚、洗净，在鱼身上切“一”字花刀。

（2）将葱大半根切段、剩余部分切丝，红椒1/5个切丝，备用。

（3）用食盐、料酒1勺腌制鱼肉10分钟，将腌制好的鱼放入盘中，放上葱段、生姜3片，淋上蒸鱼豉油1勺。

（4）在蒸锅中加入清水烧开，放入鱼盘，大火蒸8分钟，除去葱、姜，倒掉蒸鱼时渗出的水，撒上葱丝、红椒丝。

（5）另起炒锅，将适量食用油加入炒锅烧至8成热时，浇到鱼上。

（6）将蒸鱼豉油半勺倒入炒锅，加入少量清水，烧热后倒入鱼盘即可（图6-3）。

图6-3 清蒸多宝鱼（孟琳 摄）

6.1.4 清蒸黄花鱼

主料：新鲜黄花鱼1条

辅料：葱1根、生姜2片、小指椒2个、柠檬4片、食盐、料酒2勺、蒸鱼豉油1勺、食用油

做法：

（1）从鱼肚处用刀剖开，将黄花鱼洗净。

（2）将食盐、料酒2勺均匀涂抹在鱼表面，腌制20 ~ 30分钟。

（3）将葱1根、生姜2片切丝，将小指椒2个切段，将部分葱丝分批塞入指椒段中做成装饰，备用。

（4）在盘中铺姜丝垫底，将鱼背朝上趴放摆好，撒上剩余葱丝。

（5）在蒸锅中加入清水烧开，放入鱼盘，大火蒸10分钟，关火焖2分钟取出，除去鱼盘中的汁水及葱姜，淋上蒸鱼豉油1勺，摆上柠檬4片及上述装饰。

（6）将适量食用油烧热，浇到鱼上即可（图6-4）。

图6-4 清蒸黄花鱼（张家国 摄）

6.1.5　清蒸海鳗

主料：新鲜海鳗1条

辅料：葱半根、生姜2片、蒜3瓣、食盐、料酒2勺、蒸鱼豉油2勺

做法：

（1）将鳗鱼洗净，可用食盐涂抹鱼身，便于洗净黏液。

（2）从鱼背处用刀剖开后，去头尾、去骨，在鱼背切“一”字花刀。

（3）将葱半根切段、生姜2片切丝、蒜3瓣切片，备用。

（4）用葱段、生姜丝、蒜片、料酒2勺腌制鱼20～30分钟，除去葱、姜、蒜，放入盘中，淋上蒸鱼豉油2勺。

（5）在蒸锅中加入清水烧开，放入鱼盘，大火蒸15分钟，关火焖3分钟即可（图6-5）。

图6-5　清蒸海鳗（张家国 摄）

6.1.6 清蒸鲈鱼

主料：新鲜鲈鱼1条

辅料：葱1根、生姜2片、红椒半个、香菜1根、料酒2勺、蒸鱼豉油2勺、食用油

做法：

（1）从鱼肚处用刀剖开，将鲈鱼洗净，在鱼背切“一”字花刀。

（2）将料酒2勺涂抹在鱼内外两面腌制10分钟。

（3）将葱1根、生姜2片、红椒半个切丝，将香菜1根切段，备用。

（4）在盘中铺姜丝垫底，将鱼背朝上趴放摆好，撒上部分葱丝。

（5）在蒸锅中加入清水烧开，放入鱼盘，大火蒸8分钟，关火焖3分钟取出，除去鱼盘中的汁水及葱、姜，淋上蒸鱼豉油2勺，撒上剩余葱丝、红椒丝、香菜段。

（6）将适量食用油烧热，浇到鱼上即可（图6-6）。

图6-6 清蒸鲈鱼（张家国 摄）

6.1.7 清蒸鲟鱼

主料：新鲜鲟鱼1条

辅料：香葱2根、生姜2片、小指椒2根、食盐、料酒2勺、蒸鱼豉油2勺

做法：

（1）从鱼肚处用刀剖开，将鲟鱼洗净，装盘。

（2）将香葱2根、小指椒2根切段，将生姜2片切丝，备用。

（3）用食盐、料酒2勺、蒸鱼豉油2勺调制成料汁，备用。

（4）在鱼肚内均匀涂抹料汁，将香葱段、生姜丝放入鱼肚，撒上小指椒段，淋上料汁，水烧开后上锅大火蒸10分钟即可（图6-7）。

图6-7 清蒸鲟鱼（张家国 摄）

6.1.8 清蒸鳜鱼

主料：新鲜鳜鱼1条

辅料：香葱3根、生姜3片、小指椒3个、食盐、蒸鱼豉油2勺

做法：

（1）从鱼肚处用刀剖开，将鳜鱼洗净。

（2）将香葱3根切段、生姜1片切丝、小指椒3个切片，备用。

（3）将食盐涂抹在鱼内外两面腌制5分钟。

（4）将生姜2片、部分香葱段铺在盘中垫底，将生姜丝、剩余的香葱段放入腌制好的鱼肚中，将鱼放入盘中，撒上小指椒片，水烧开后上锅大火蒸15分钟，淋上蒸鱼豉油即可（图6-8）。

图6-8 清蒸鳜鱼（张家国 摄）

6.1.9 清蒸鳝段

主料：新鲜黄鳝2条、咸肉1块、基围虾4只、毛豆

辅料：葱半根、生姜2片、料酒2勺

做法：

（1）将黄鳝洗净、切段，在热水中焯一遍，便于清除黄鳝表面的黏液。

（2）将葱半根切段、生姜2片切丝，用葱段、生姜丝、料酒2勺腌制10分钟，除去葱、姜。

（3）将毛豆在热水中焯一遍，备用。

（4）将部分咸肉切片，其余咸肉剁碎，备用。

（5）将腌制好的鱼、咸肉片、咸肉碎、基围虾4只、焯过的毛豆摆放盘中，水烧开后上锅大火蒸20分钟即可（图6-9）。

图6-9　清蒸鳝段（张家国 摄）

6.1.10　清蒸黄颡

主料：新鲜黄颡2条

辅料：葱半根、生姜3片、蒜2瓣、红椒1/3个、食盐、蒸鱼豉油2勺、芝麻油2勺

做法：

（1）用手将黄颡的嘴撕开，将鱼洗净，用食盐涂抹鱼身，便于洗净黏液（黄颡鱼的背鳍、胸鳍有硬棘，处理时防止刺伤手部）。

（2）将葱半根、生姜3片、蒜2瓣切丝，将红椒1/3个切块。

（3）将鱼放入盘中，撒上葱丝、姜丝、蒜、红椒块。

（4）在蒸锅中加入清水烧开，放入鱼盘，大火蒸10分钟，关火焖3分钟取出，淋上蒸鱼豉油2勺、芝麻油2勺即可（图6-10）。

图6-10 清蒸黄颡（张家国 摄）

6.2 清炖鱼的做法

6.2.1 清炖石斑鱼

主料：新鲜石斑鱼1条、芋头7个

辅料：香葱2根、生姜2片、拇指椒2个、食盐

做法：

（1）从鱼肚处用刀剖开，将石斑鱼洗净。

（2）将芋头7个切块、香葱2根切段，将部分香葱段与生姜2片放入鱼肚。

（3）在砂锅中加入适量清水，放入鱼、芋头块、拇指椒2个、剩余香葱段，大火烧开，小火炖10分钟，开锅前放盐，捞出装盘即可（图6-11）。

图6-11　清炖石斑鱼（张家国 摄）

6.2.2　清炖鳙鱼头

主料：新鲜鳙鱼头1个

辅料：葱半根、花椒、食盐、料酒3勺、香菜1根、食用油、味精

做法：

（1）将鳙鱼头洗净，沥干水分，备用。

（2）用食盐、料酒3勺腌制鱼头15 ~ 20分钟。

（3）将葱、香菜切段，备用。

（4）将少许食用油加入炒锅烧热，放入花椒、葱段爆香，放入腌制好的鱼头，加水漫过鱼头，大火烧开，撇去浮沫，小火炖20分钟，放入食盐后再炖3分钟，加少许味精盛出放入汤碗，撒上香菜段即可（图6-12）。

图6-12 清炖鳙鱼头（张家国 摄）

6.2.3 清炖多宝鱼

主料：新鲜多宝鱼1条

辅料：白芷15g、生姜2片、食盐、胡椒小半勺、蛋清30g、水淀粉2勺、料酒半勺、食用油

做法：

（1）将多宝鱼洗净，片下鱼肉。

（2）用食盐、胡椒小半勺、蛋清30g、水淀粉2勺、料酒半勺拌匀，腌制10分钟。

（3）将适量食用油加入炒锅烧热，放入生姜2片爆香，放入鱼骨每面各煎1分钟。

（4）将适量清水加入炒锅，放入白芷15g，大火烧开后转小火煮15分钟。

（5）转大火，逐片放入腌制好的鱼片，切勿用力翻动，煮沸后3分钟放盐即可（图6-13）。

图6-13　清炖多宝鱼（张家国 摄）

6.2.4　清炖黄花鱼

主料：新鲜黄花鱼1条

辅料：葱1根、生姜2片、食盐

做法：

（1）从鱼肚处用刀剖开，将黄花鱼洗净。

（2）将葱1根切成大段，备用。

（3）在砂锅中加入适量的清水，放入黄花鱼、葱段、生姜2片，大火烧开，小火炖，开锅前放盐即可（图6-14）。

图6-14 清炖黄花鱼（张家国 摄）

6.2.5 清炖带鱼段

主料：新鲜带鱼1条、南瓜块、小白菜2棵

辅料：葱1根、生姜2片、食盐、料酒2勺

做法：

（1）将带鱼洗净，用刀背刮掉鱼表面的一层“银脂”，去头尾、切段。

（2）将葱1根切段、生姜2片切丝，备用。

（3）用葱段、姜丝、食盐、料酒2勺腌制鱼段30分钟。

（4）在砂锅中加入适量的清水，放入鱼段、南瓜块，大火烧开，放入小白菜，小火炖6分钟即可（图6-15）。

图6-15　清炖带鱼段（张家国 摄）

6.2.6　清炖鲈鱼

主料：新鲜鲈鱼1条

辅料：香葱1根、生姜2片、红椒半个、食盐、料酒2勺、食用油

做法：

（1）从鱼肚处用刀剖开，将鲈鱼洗净，在鱼背切"一"字花刀。

（2）将红椒半个切丝，备用。

（3）将料酒2勺涂抹在鱼内外两面，腌制10分钟后，用水冲净，用厨房纸巾吸干鱼表面的水分。

（4）将适量食用油加入炒锅烧热，放入生姜1片爆香，放入鲈鱼煎至两面金黄取出。

（5）另起砂锅，加入适量清水，放入煎好的鱼、生姜1片，大火烧开，舀出鱼汤浮沫，小火炖10分钟，开锅前放盐，除去姜片，捞出装盘，撒上香葱、红椒丝即可（图6-16）。

图6-16　清炖鲈鱼（张家国 摄）

6.2.7　清炖鳜鱼

主料：新鲜鳜鱼1条

辅料：香葱半根、生姜2片、食盐、花生油

做法：

（1）从鱼肚处用刀剖开，将鳜鱼洗净。

（2）将葱半根切成小段，备用。

（3）将适量花生油加入炒锅烧至七成热，放入生姜1片爆香，放入鳜鱼煎至两面金黄取出。

（4）另起砂锅，加入适量清水，放入煎好的鱼、生姜1片，大火烧开，小火炖30分钟，开锅前放盐、撒上葱段，捞出装盘即可（图6-17）。

图6-17　清炖鳜鱼（张家国 摄）

6.2.8　清炖鲫鱼

主料：新鲜鲫鱼1条

辅料：葱1根、生姜2片、红枣3颗、枸杞子、食盐、食用油

做法：

（1）从鱼肚处用刀剖开，将鲫鱼洗净。

（2）将葱1根切成大段，备用。

（3）将适量食用油加入炒锅烧热，放入鲫鱼煎至两面上色。

（4）另起砂锅，加入适量清水，放入煎好的鱼、葱段、生姜2片、红枣3颗、枸杞子，大火烧开，小火炖10分钟，开锅前放盐，捞出装盘（图6-18）。

图6-18 清炖鲫鱼（张家国 摄）

6.3 红烧鱼的做法

6.3.1 红烧石斑鱼

主料：石斑鱼1条

辅料：葱、姜、盐、生粉、生抽、老抽、蚝油、白糖、香菜、花椒、食用油

做法：

（1）石斑鱼洗净，去鳞片后洗净切块。

（2）葱切末，姜切片，香菜切段。

（3）鱼块用适量盐腌制5分钟，加少量生粉拌匀。

（4）热锅凉油，大火，将鱼入锅煎，煎至两面金黄，备用。

（5）花椒炸香，捞出，葱、姜爆香，加入生抽、老抽、蚝油、白糖，加水炖煮。

（6）大火收汤，出锅，加入香菜段，装盘。

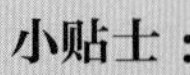

小贴士：

开盖煮鱼是让鱼不腥的一个秘诀。

6.3.2 红烧牙鲆

主料：牙鲆1条

辅料：葱、姜、蒜、盐、酱油、蚝油、白糖、醋、香菜、食用油

做法：

（1）牙鲆去除内脏，洗净，控干。

（2）鱼身上划花刀，抹适量盐腌制。

（3）锅内加油，加入葱、姜、蒜片爆香，放入鱼。

（4）酱油、蚝油、白糖、几滴醋，加水调匀，倒入锅中。

（5）加水没过鱼身，大火烧开，小火炖煮。

（6）大火收汁，出锅撒上香菜、葱丝等装盘（图6-19）。

小贴士：

牙鲆个体硕大、肉质细嫩，鱼身上划刀时最好是划菱形花刀，便于入味。

6.3.3 红烧多宝鱼

主料：多宝鱼1条

辅料：葱、姜、蒜、香菜、小香葱、盐、生抽、老抽、蚝油、白糖、食用油

做法：

（1）将多宝鱼去除内脏，洗净，鱼身上划几刀。

（2）鱼用少量盐腌制5分钟。

（3）葱、香菜切段，姜切片，小香葱切末，生抽、老抽、蚝油、白糖，加水调匀，备用。

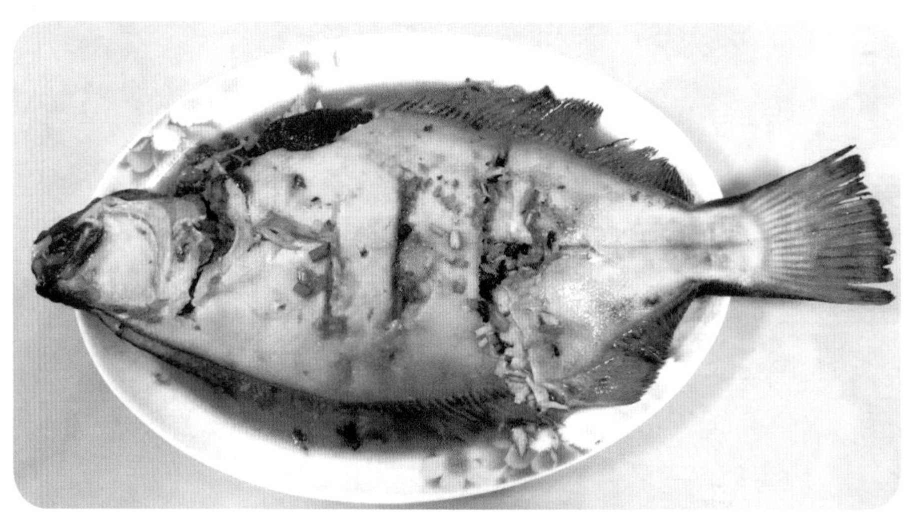

图6-19　红烧牙鲆（张家国 摄）

（4）锅内加油，将鱼两面煎一下。

（5）葱、姜爆锅，放入鱼，加入调好的酱汁、蒜瓣。

（6）加入适量水，大火烧开，盖锅盖转小火烧，再转大火收汁，出锅摆盘，撒上香菜、小香葱末即可（图6-20）。

小贴士：

鱼身上划开时要斜着刀切开鱼肉，鱼肉比较容易入味，还能保持肉质香嫩。

6.3.4　红烧带鱼段

主料：带鱼3 ~ 4条，鸡蛋2个

辅料：葱、姜、蒜、盐、花生油、酱油、蚝油、白糖、醋、香菜、大料

做法：

（1）带鱼去除内脏洗净，表面刮鳞，里外冲洗干净，控干。

（2）剪成8cm左右的段，抹适量盐腌制片刻。

（3）鸡蛋打成蛋液，将带鱼段放入蛋液中，两面都蘸满蛋液。

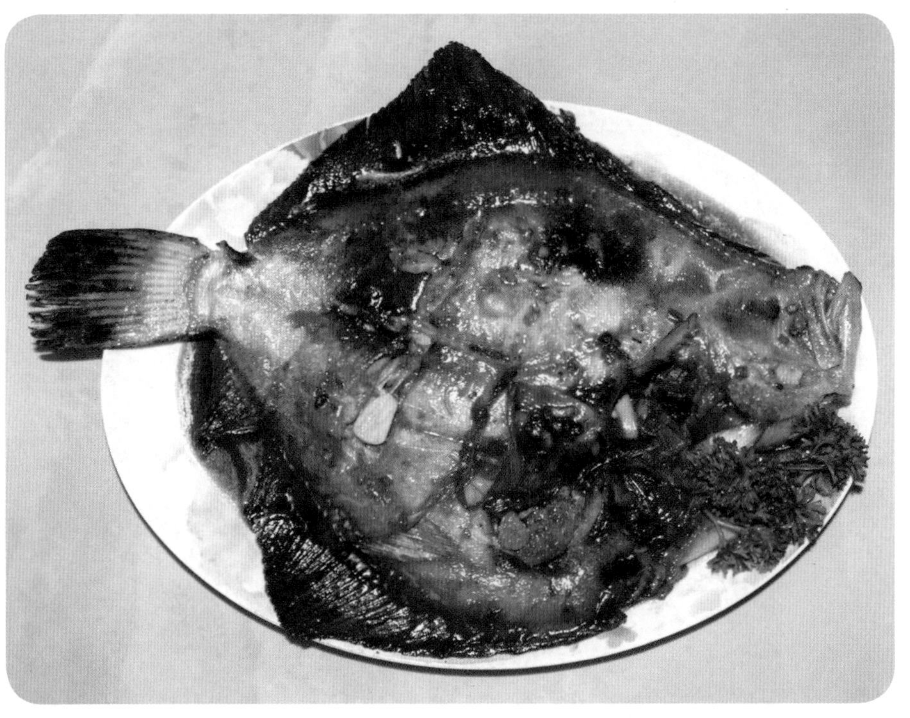

图6-20　红烧多宝鱼（张家国　摄）

（4）锅中加油，待油温六成热时放入蘸好蛋液的带鱼段，中小火将两面煎成金黄色，捞出控油。

（5）锅内加底油，大料爆香，捞出，加入葱、姜、蒜爆锅，放入炸好的带鱼段。

（6）酱油、蚝油、白糖、醋，加水调匀，倒入锅中。

（7）加水刚好没过鱼，盖锅盖大火炖煮。

（8）揭盖中小火炖煮，收汁。

（9）出锅撒上香菜装盘（图6-21）。

小贴士：

煎鱼时可以用热锅凉油，鱼不易粘锅。

图6-21 红烧带鱼段（刘娟 摄）

6.3.5 红烧鲐鱼

主料：鲐鱼3 ~ 4条，秋葵2个

辅料：葱、姜、蒜、大料、盐、花生油、酱油、蚝油、白糖、醋、五香粉、料酒

做法：

（1）鲐鱼去除内脏洗净，剖开去中间鱼骨，切段5 ~ 6cm长。

（2）适量盐、五香粉、料酒、酱油、蚝油拌匀，腌制。

（3）锅内加底油，加入葱姜末、蒜片、大料爆香，捞出。

（4）放入鱼块，用小火煎至两面略黄。

（5）白糖、醋加水调匀，倒入锅中。

（6）加入清水，大火烧开。

（7）小火炖煮，注意鱼块翻面，大火收汁。

（8）秋葵烫一下，捞出，切段，鱼块出锅摆盘（图6-22）。

小贴士：

鲐鱼的内脏是有毒素的，所以一定要去掉内脏，反复冲洗干净。

图6-22 红烧鲐鱼（张家国 摄）

6.3.6 红烧黄花鱼

主料：小黄花鱼3条

辅料：葱、姜、蒜、盐、料酒、植物油、生抽、蚝油、白糖、醋、花椒、八角、淀粉

做法：

（1）小黄花鱼去除内脏、鳞片，洗净，控干。

（2）用盐和料酒腌制10分钟左右，用刀在背上划几刀，便于入味。

（3）抹上淀粉，平底锅烧热油，放入黄花鱼，煎至两面金黄。

（4）另起锅，加底油，加入花椒、八角、葱姜末、蒜片炒香，捞出。

（5）放入煎好的鱼，加入生抽、蚝油、白糖、醋少许，以及清水，大火烧开。

（6）小火炖煮，等汤汁浓郁时，把汤汁浇到鱼身上，让鱼进一步入味。

（7）大火收汁，装盘（图6-23）。

小贴士：

煎黄花鱼时，要用植物油煎炸，不要使用动物油脂，否则会影响鱼肉的新鲜感。

图6-23 红烧黄花鱼（刘娟 摄）

6.3.7 红烧海鳗

主料：海鳗2条

辅料：葱、姜、蒜、盐、食用油、酱油、黄酒、白糖、醋、花椒、八角

做法：

（1）将海鳗从头部下刀剖至尾部，挖出内脏，洗净。

（2）接着把海鳗放入热水中汆烫约1分钟，再捞出沥干水分，放在砧板上，斩去头、尾，切块。

（3）油加热，加入花椒、八角、葱姜末、蒜片炒香，下鳗鱼块翻炒。

（4）放入盐、酱油、黄酒、白糖、醋少许以及清水，大火烧开。

（5）小火炖煮，等汤汁浓郁时，起锅，装盘（图6-24）。

小贴士：

（1）海鳗的生命力较为顽强，可让商贩代为宰杀清理。

（2）海鳗外皮上的外膜比较腻滑，可用沸水汆烫去除。

图6-24 红烧海鳗（张家国 摄）

6.3.8 红烧沙丁鱼

主料：沙丁鱼8条

辅料：葱、姜、蒜、盐、食用油、番茄酱、白糖、酱油、花椒、八角、料酒、香菜、淀粉、醋

做法：

（1）沙丁鱼去鳞、去内脏，用少许盐腌制。

（2）沙丁鱼抹上淀粉，平底锅烧热油，放入鱼，煎至金黄。

（3）锅中加油，花椒、八角炸香，加入葱姜末、蒜片炒香，捞出。

（4）放入煎好的鱼，加入酱油、白糖、番茄酱、料酒调好的酱汁，醋少许。

（5）加入清水，大火烧开，转小火炖煮7 ~ 8分钟，大火收汁。

（6）撒上香菜装盘（图6-25）。

小贴士：

鱼的内脏要去干净，鱼肚子里的黑膜一定要去除干净。

图6-25 红烧沙丁鱼（张家国 摄）

6.3.9 红烧鲈鱼

主料：鲈鱼1条

辅料：白糖、黄酒、酱油适量，葱、姜、蒜、花椒、八角、橘皮、醋、食用油、香菜

做法：

（1）鲈鱼去内脏剪鳍，清洗几遍，控干水分。

（2）在鱼身两边斜割几道口子，便于入味，葱切丝，姜、蒜切末。

（3）锅中加油，花椒、八角炸香，捞出，加入葱、姜、蒜炒香。

（4）放入鱼，两面稍煎一下。

（5）加入酱油、白糖、黄酒适量，醋少许，橘皮两小块，加入清水，刚好没过鱼，大火烧开。

（6）文火炖煮，大火收汁，撒上香菜装盘（图6-26）。

小贴士：

做鱼时，放入几块橘子皮，既可除腥味，又可使鱼的味道鲜美。

图6-26 红烧鲈鱼（刘娟 摄）

6.3.10 红烧鲫鱼

主料：鲫鱼2条

辅料：葱、姜、蒜、白糖、料酒、酱油、蚝油、花椒、大料、米醋、食用油、小香葱

做法：

（1）鲫鱼去内脏，洗净控水，两面斜刀切几个口。

（2）鱼加上少许盐，适量料酒、姜片、葱，腌制半个小时左右。

（3）葱、姜切片，蒜切块，小香葱洗净切段。

（4）锅中加油，放入鱼，炸黄表面，捞出。

（5）锅中留底油，炸香花椒、大料，捞出，下葱、姜、蒜爆香，加入适量酱油、白糖、料酒、蚝油、米醋。

（6）加入煎好的鱼及清水，炖煮至汤汁浓稠。

（7）大火收汁，撒小香葱段摆盘（图6-27）。

小贴士：

鲫鱼的泥味较重，其鳞、鳃、内脏要去除干净；也可先把鱼放在盐水中清洗或用盐细搓，将鲫鱼的泥味完全消除。

图6-27 红烧鲫鱼（张家国 摄）

6.3.11 红烧黑鱼块

主料：黑鱼1条

辅料：葱、姜、蒜、花椒、八角、生粉、料酒、食盐、酱油、香醋、白糖、食用油

做法：

（1）黑鱼洗净控水，切块。

（2）鱼块加上少许盐，适量料酒、姜片、葱，让鱼腌制半个小时左右。

（3）鱼块抹生粉，入热油锅炸至五六成熟。

（4）锅中留底油，花椒、八角炸出香味，捞出，下葱、姜、蒜爆香，再放入黑鱼段。

（5）加入料酒、酱油、白糖和几滴香醋，热水（水漫过鱼块的2/3即可）。

（6）中火煮一刻钟左右，大火收汁，出锅，摆盘（图6-28）。

小贴士：

鱼煮熟了不要翻动，用铲子轻轻推动即可。

图6-28 红烧黑鱼块（张家国 摄）

6.3.12 红烧鲶鱼

主料：鲶鱼1条

辅料：葱、姜、蒜、干辣椒、高度白酒、料酒、酱油、白糖适量、食盐、食用油、香菜

做法：

（1）鲶鱼去除内脏，洗净控水，切宽2cm左右的块。

（2）鱼段上撒少许盐，适量高度白酒、姜片、葱，腌制一刻钟。

（3）热锅凉油，将鲶鱼块放入锅中两面煎一下。

（4）另起锅，下葱末、姜片、蒜粒、干辣椒爆香，再放入煎好的鱼，依次加入料酒、酱油、白糖、热水。

（5）中火炖煮，大火收汁，放入小葱末或香菜段，摆盘。

小贴士：

（1）鲶鱼土腥味比较大，可加入高度白酒帮助去腥，调味料也可加重一些。

（2）鲶鱼比较嫩，不要翻动过多，以免鱼肉碎掉。

6.3.13 红烧鳙鱼块

主料：鳙鱼1条

辅料：葱、姜、蒜、料酒、酱油、白糖适量、八角、大料、香叶、香菜、食盐、食用油、味精

做法：

（1）鳙鱼去除内脏，洗净控水，切宽约6cm的块。

（2）鳙鱼块撒少许盐，适量料酒、姜片、葱，腌制20分钟左右。

（3）热锅凉油，将鱼块放入锅中两面煎一下。

（4）另起锅，八角、大料、香叶炸香，捞出；下葱、姜、蒜爆香，再放入煎好的鱼，依次加入料酒、酱油、白糖、少许盐及热水。

（5）中火炖煮，放入适量味精调味。

（6）大火收汁，出锅，放入香菜摆盘（图6-29）。

图6-29 红烧鳙鱼块（张家国 摄）

6.4 酱焖鱼的做法

6.4.1 酱焖黄花鱼

主料：黄花鱼1条

辅料：花生油、葱、姜、蒜、香菜、甜面酱、蒸鱼豉油、糖、料酒、盐

做法：

（1）黄花鱼处理干净，洗净，鱼身两面切开几刀。

（2）锅中加底油，将鱼两面煎至微黄。

（3）葱、姜、蒜爆锅，放少许甜面酱炒香，加入适量料酒、糖、蒸鱼豉油。

（4）将鱼放入锅中，加入清水，急火烧开，转慢火炖15 ~ 20分钟。

（5）加少许盐，急火收汁，撒香菜后装盘（图6-30）。

小贴士：

炒酱时应炒出香味，注意火力大小，不要煳锅。

图6-30 酱焖黄花鱼（刘娟 摄）

6.4.2 酱焖鲐鱼

主料：鲐鱼2条

辅料：葱、姜、蒜、甜面酱、糖、料酒、花生油、盐、红烧酱汁、干辣椒

做法：

（1）鲐鱼去头、去内脏洗净，剖开去鱼骨。

（2）锅中加油，加入鱼两面煎至微黄。

（3）另起锅，葱、姜、蒜爆锅，炸香干辣椒，放甜面酱炒香，加入适量料酒、糖、红烧酱汁。

（4）将鱼放入锅中，加盐，加入清水，急火烧开，转小火焖炖。

（5）急火收汁，装盘（图6-31）。

小贴士：

鲐鱼要选择新鲜鱼，不新鲜的鱼会有细菌引起人体轻微中毒。

图6-31 酱焖鲐鱼（张家国 摄）

6.4.3 酱焖海鳗

主料：海鳗2条，油菜3颗

辅料：葱、姜、蒜、料酒、生抽、白糖、盐、蒸鱼豉油、食用油

做法：

（1）海鳗去除内脏，洗净，切1.5 ~ 2cm厚的块。

（2）加盐、料酒、生姜、葱、蒜末腌制15分钟。

（3）锅中加2 ~ 3勺油，中火烧热，鳗鱼下锅，两面稍煎一下，出锅。

（4）锅中倒少许油，姜片、葱段、蒜粒下锅爆香。

（5）倒入料酒、生抽、蒸鱼豉油、白糖、少量盐调成的红烧汁，加入水。

（6）下煎好的鳗鱼，烧制10 ~ 15分钟，收汁。

（7）摆上烫熟的油菜，摆盘（图6-32）。

小贴士：

煎鱼时间不要太长，否则肉容易老。

图6-32　酱焖海鳗（张家国 摄）

6.4.4　酱焖鲈鱼

主料：海鲈鱼1条、小香葱

辅料：葱、姜、蒜、花生油、啤酒、甜面酱、盐、鸡精、辣椒

做法：

（1）将海鲈鱼去鳞，去鳃，去内脏，洗净，沥干水。

（2）鱼身两面斜切几刀，抹少许盐，腌制一刻钟。

（3）将鲈鱼放到锅里，两面稍煎一下。

（4）热锅加入油，葱、姜、蒜、辣椒碎炸香，捞出。

（5）甜面酱炒香，放入鱼，倒入适量啤酒，加少量盐、鸡精，加盖焖煮。

（6）中途用铲子将汤汁浇到鱼身上，并翻面浇汤汁。

（7）大火收汁，起锅撒上葱丝、小香葱末装盘（图6-33）。

小贴士：

调入适量盐时，可以先尝尝汤的咸淡，再决定加或者不加。

图6-33 酱焖鲈鱼（刘娟 摄）

6.4.5 酱焖黑鱼

主料：黑鱼1条

辅料：葱、姜、蒜、花椒、大料、酱油、豆瓣酱、蚝油、糖、料酒、盐 、味精、香菜、红辣椒、食用油

做法：

（1）将鱼鳃和内脏清除干净，洗净控干备用。

（2）将鱼两面斜切几下，放油锅两面煎一下。

（3）锅中倒入适量底油加热，放入花椒和大料，炸香后捞出，再放入葱、姜、蒜末爆香。

（4）放入豆瓣酱、酱油、蚝油各半勺、糖一勺、少许料酒，煸炒，加入水。

（5）放入黑鱼，大火烧开，转中小火焖制15分钟左右。

（6）放入盐和味精改成小火焖5分钟左右，大火收汁，出锅，撒上香菜、红辣椒丝摆盘（图6-34）。

小贴士：

炒酱时应炒出香味，注意火力不要太大，以免煳锅。

图6-34 酱焖黑鱼（刘娟 摄）

6.4.6 酱焖鲮鱼

主料：鲮鱼1条

辅料：葱、姜、蒜、料酒、花生油、盐、蚝油、豆瓣酱、生抽、辣椒碎

做法：

（1）将鲮鱼洗净，控干水分，鱼身两面抹少许盐，腌制入味。

（2）热锅加入油，放入鲮鱼煎至两面微黄。

（3）另起锅，放入底油，葱、姜、蒜、辣椒碎、豆瓣酱，炒香。

（4）加入水、蚝油、生抽、料酒调成的料汁，烧开。

（5）加入煎好的鲮鱼，转小火焖煮。

（6）大火收汁，起锅时加入葱丝摆盘。

小贴士：

（1）煎鱼时，切记不要胡乱翻动鱼身。

（2）蚝油和生抽咸味较大，鱼前期也腌制过，做的过程中可不加盐。

6.4.7 酱焖鲶鱼

主料：鲶鱼1条，长茄子1个，五花肉10g

辅料：葱、姜、蒜、花生油、盐、干辣椒、大料、豆瓣酱、生粉、小香葱

做法：

（1）将鲶鱼洗净，沥干水，从鱼背下刀，将鱼切开，注意不要切断。

（2）茄子洗净切1cm宽的长条，放油锅中煎一下。

（3）将鲶鱼抹少量生粉，放到锅里，两面稍煎一下，加少许醋焖一会儿。

（4）另起锅加入油，大料、干辣椒煎出香味，再放入葱、姜、蒜粒、五花肉煸炒，再加入豆瓣酱炒香。

（5）倒入适量水，加适量盐，加入煎好的鱼、茄子，大火烧开转小火炖20分钟。

（6）大火收汁，起锅撒上小香葱末装盘。

小贴士：

加入五花肉能让鱼肉吃起来更香嫩。

6.4.8 酱焖鳝段

主料：黄鳝2 ~ 4条

辅料：葱、姜、蒜粒、花生油、豆瓣酱、糖、盐、大料、料酒、老抽、生抽、白胡椒粉、小香葱

做法：

（1）将鳝鱼宰杀、洗净，撒上盐。

（2）用干净的抹布，按住黄鳝，在其背上切横刀，再切成寸段。

（3）锅中放油，倒入黄鳝段翻炒至表面微变色。

（4）另起锅加入油，大料、葱、姜炒香，加入蒜粒。

（5）加入黄鳝段，加料酒、豆瓣酱翻炒均匀，加老抽、生抽、白糖，加入水，大火煮开，转小火焖煮。

（6）大火收汁，加入白胡椒粉，起锅撒上香葱段（图6-35）。

图6-35 酱焖鳝段（张家国 摄）

小贴士：

（1）黄鳝洗净后用盐捏几把再清洗掉，可以让黄鳝不那么滑，便于切段。

（2）蒜一定要加整颗的蒜粒。

6.5 烤鱼的做法

6.5.1 青梅烤金枪鱼

主料：新鲜金枪鱼肉1块（约200g）、青梅3个、西红柿酱

辅料：食盐、黑胡椒碎、白葡萄酒1勺半、橄榄油、柠檬汁2勺、柠檬1片

做法：

（1）用食盐、白葡萄酒1勺半、柠檬汁2勺、黑胡椒碎腌制鱼块5 ~ 10分钟后，抹上少许橄榄油，将鱼块用锡纸包好。

（2）烤箱上火210℃预热。将鱼块放在用锡纸铺好的烤盘内，在烤箱210℃烤制8分钟后取出，将柠檬片、青梅3个放在盘内装饰。

（3）食用时可以配西红柿酱（图6-36）。

6.5.2 烤鲐鱼

主料：新鲜鲐鱼1条

辅料：食盐、胡椒粉、料酒3大勺、食用油、柠檬汁半勺

做法：

（1）从鱼背处用刀剖开后将鱼展开，将鲐鱼洗净。

（2）用食盐、胡椒粉、料酒3大勺腌制鱼肉15 ~ 20分钟。

（3）在烤盘内铺一层锡纸，锡纸底部刷一层食用油，将腌制好的鱼放在锡纸上。

（4）将鱼放入烤箱，上火180℃，下火230℃，烤制15分钟后取出。

（5）食用时在鱼肉上滴几滴柠檬汁（图6-37）。

图6-36 青梅烤金枪鱼（张家国 摄）

图6-37 烤鲐鱼（张家国 摄）

6.5.3 烤鲑鱼（三文鱼）

主料：新鲜鲑鱼1条、柠檬1颗

辅料：生姜6片、米酒1大勺、食盐、百搭香草

做法：

（1）将鲑鱼洗净，用生姜片与米酒腌制30分钟。

（2）去除生姜片，双面均匀撒上盐和百搭香草。

（3）在锡纸上铺一层柠檬片，将腌制好的鱼放在柠檬片上，再在鱼肉上铺一层柠檬片后包起来，放入烤盘。

（4）将鱼放入烤箱，上下火为200℃，烤制15 ~ 20分钟后取出（图6-38）。

图6-38 烤鲑鱼（张家国 摄）

6.5.4 烤海鳗

6.5.4.1 蜜汁风味烤海鳗

主料：新鲜鳗鱼1条

辅料：生姜丝、白糖1勺、米酒1大勺、生抽1大勺、老抽1勺、柠檬汁半勺、食用油、蜂蜜、白芝麻、食盐

做法：

（1）将鳗鱼洗净，可用食盐涂抹鱼身，便于洗净黏液。

（2）从鱼背处用刀剖开后，去头尾、去骨，再分段切成几片。

（3）用生姜丝、白糖1勺、米酒1大勺、生抽1大勺、老抽1勺、柠檬汁半勺腌制鱼片0.5 ~ 1小时，剩余腌制酱汁备用。

（4）用竹签将腌制好的鱼片串起，防止在蒸烤过程中卷曲变形，将鱼片放入盘中，隔水大火蒸5分钟后取出。

（5）在烤盘内铺一层锡纸，锡纸底部刷一层食用油，鱼皮朝上，将蒸好的鱼铺在锡纸上，刷一层蜂蜜。

（6）烤箱上层200℃预热，将鱼放入烤箱烤制10分钟后取出，鱼肉朝上，刷一层腌制酱汁，放入烤箱烤制5分钟后再取出，刷一层蜂蜜，撒上白芝麻，放入烤箱烤制5分钟后取出，装盘前将竹签去掉（图6-39）。

小贴士：

此做法味道偏甜，咸味偏淡，可根据个人口味在腌制时加入适量食盐。

6.5.4.2 烧汁风味烤海鳗

主料：新鲜鳗鱼1条

辅料：食盐、白糖1勺半、胡椒粉半勺、食用油、料酒3勺、姜汁1勺半、生抽1勺半、蚝油半勺、白芝麻

做法：

（1）将鳗鱼洗净，可用食盐涂抹鱼身，便于洗净黏液。

（2）从鱼背处用刀剖开后，去头尾、去骨。

图6-39　蜜汁风味烤海鳗（张家国　摄）

（3）用竹签将鱼片串起，防止在蒸烤过程中卷曲变形，将鱼片放入盘中，隔水大火蒸5分钟后取出，蒸鱼后的汤汁备用。

（4）在锅中加入食盐、白糖1勺半、胡椒粉半勺、食用油半勺、料酒3勺、姜汁1勺半、生抽1勺半、蚝油半勺、蒸鱼后的汤汁，小火加热，烧汁收浓，备用。

（5）在烤盘内铺一层锡纸，锡纸底部刷一层食用油，将两面刷好烧汁的鱼片放在锡纸上。

（6）烤箱上层200℃预热，将鱼放入烤箱，上下火190℃烤制10分钟后取出，将鱼两面刷一层烧汁，放入烤箱烤制5分钟后取出，再将鱼两面刷一层烧汁，放入烤箱烤制5分钟后取出，撒上白芝麻，装盘前将竹签去掉。

6.5.5　烤沙丁鱼

主料：新鲜沙丁鱼7条

辅料：蒜3 ~ 4瓣、香芹、柠檬半个、食盐、胡椒粉半勺、辣椒粉、橄榄油

做法：

（1）将沙丁鱼洗净，保持外观完整。

（2）将蒜瓣切末、香芹切碎，挤出半个柠檬的果汁，备用。

（3）将蒜末、香芹碎、柠檬汁半勺、食盐、胡椒粉半勺、辣椒粉拌匀，制成调料，备用。

（4）将调料涂抹在鱼上，腌制1小时以上，在腌制好的鱼两面刷一层橄榄油。

（5）在烤盘内铺一层锡纸，将鱼铺在锡纸上。

（6）将鱼放入烤箱，上下火180℃，烤制15 ~ 20分钟取出（图6-40）。

图6-40 烤沙丁鱼（张家国 摄）

6.5.6 烤鲈鱼

主料：新鲜鲈鱼1条、柠檬1个、洋葱1个、马铃薯1个、地瓜1个、芹菜1根

辅料：蒜3瓣、奶油1勺、意大利综合香料1大勺、食盐、黑胡椒碎半勺、白酒1大勺、橄榄油1大勺

做法：

（1）从鱼肚处用刀剖开，将鲈鱼洗净，用刀在鱼身上划几道。

（2）将柠檬、洋葱、马铃薯、地瓜切片，蒜瓣切末，芹菜茎切段。

（3）将食盐、黑胡椒碎半勺均匀涂抹在鱼的两面，腌制15 ~ 20分钟。

（4）将马铃薯片、芹菜在沸水中煮5分钟，取出滤干放凉，备用。

（5）在烤盘内铺一层锡纸，锡纸底部刷一层橄榄油，铺上放凉的马铃薯片、地瓜片、芹菜茎，放入腌制好的鲈鱼，将蒜末、洋葱片、柠檬片、意大利综合香料1大勺塞入鱼肚内，将柠檬片放在鱼面上，淋上橄榄油和白酒，加上奶油。

（6）将鱼放入烤箱，上下火180℃，烤制30 ~ 40分钟取出（图6-41）。

图6-41 烤鲈鱼（孟琳 摄）

6.5.7 烤鲮鱼

主料：新鲜鲮鱼1条

辅料：葱段、姜丝、食盐、胡椒粉、料酒3大勺、生抽1勺半、蚝油半勺、食用油

做法：

（1）将鲮鱼洗净，用食盐、胡椒粉、料酒3大勺腌制30分钟。

（2）用生抽1勺半、蚝油半勺调成酱汁，备用。

（3）在烤盘内铺一层锡纸，锡纸底部刷一层食用油，将腌制好的鱼放在锡纸上。

（4）在腌制好的鱼肚内放入葱段、姜丝，鱼两面刷一层酱汁，放入烤盘，在鱼面上撒上葱段、姜丝。

（5）将鱼放入烤箱，上下火为180℃，烤制5分钟后取出，鱼两面刷一层酱汁，放入烤箱烤制10 ～ 15分钟后取出。

6.6 煎鱼的做法

6.6.1 香酥金枪鱼排

主料：超低温冷冻金枪鱼1块

辅料：食盐、黑胡椒粉、黑白芝麻、橄榄油、薄荷酱、芒果酱、沙拉酱、苦菊、紫叶生菜

做法：

（1）冷冻金枪鱼室温解冻，用厨房纸巾吸干鱼表面水分。

（2）用食盐、黑胡椒粉腌制鱼块10分钟。

（3）在腌制好的鱼块表面均匀地撒上黑白芝麻。

（4）烧热平底锅，放入少许橄榄油，中小火将鱼块煎至上色，取出放凉后切片。

（5）放上苦菊、紫叶生菜点缀，在盘内淋上薄荷酱、芒果酱、沙拉酱即可，亦可搭配其他酱汁（图6-42）。

图6-42 香酥金枪鱼排（张家国 摄）

6.6.2 香酥黄花鱼

主料：新鲜黄花鱼1条

辅料：葱1根、生姜1块、花椒十几粒、食盐、料酒3大勺、食用油

做法：

（1）将花椒十几粒用少许热水浸泡1小时制成花椒水，备用。

（2）将黄花鱼洗净，在鱼身打上“一”字花刀，将葱、姜丝塞入鱼肚，食盐、料酒、花椒水涂抹在鱼上，撒上姜、葱丝，腌制30分钟。

（3）将腌制好的鱼放在洗菜篮里于阴凉处放置3小时，晾干。

（4）将适量食用油加入炒锅，烧至六成热时放入晾干的鱼，中小火将鱼炸至两面金黄色即可（图6-43）。

图6-43 香酥黄花鱼（张家国 摄）

6.6.3 香酥带鱼

主料：新鲜带鱼1条

辅料：葱2根、生姜3片、淀粉、食盐、米酒2勺、食用油

做法：

（1）将带鱼洗净，用刀背刮掉鱼表面的一层“银脂”，去头尾、切段。

（2）将葱2根切段、生姜3片切丝，备用。

（3）用葱段、姜丝、食盐、米酒2勺腌制鱼块30分钟以上。

（4）用厨房纸巾吸干腌制好的鱼块，在鱼块表面裹一层薄薄的淀粉。

（5）将少许食用油加入平底锅，烧至七成热时放入鱼块，中小火将鱼块两面煎至金黄色即可（图6-44）。

图6-44　香酥带鱼（张家国 摄）

6.6.4　香酥鲐鱼

主料：新鲜鲐鱼1条

辅料：食盐1小勺、食用油

做法：

（1）从鱼背处用刀剖开后将鱼展开，将鲐鱼洗净，去头，用厨房纸巾吸干鱼表面的水分。

（2）用食盐1小勺涂抹鱼表面，腌制15 ~ 20分钟。

（3）将少许食用油加入平底锅，烧至七成热时放入腌制好的鱼，中小火将鱼两面煎至金黄色即可（图6-45）。

图6-45　香酥鲐鱼（张家国 摄）

6.6.5　香酥沙丁鱼

主料：新鲜沙丁鱼6条

辅料：葱半根、生姜3片、淀粉、食盐、辣椒粉、胡椒粉半勺、白酒1勺、食用油

做法：

（1）将沙丁鱼洗净，保持外观完整。

（2）将葱半根切段，备用。

（3）用葱段、生姜3片、食盐、辣椒粉、胡椒粉半勺、白酒1勺腌制鱼20 ~ 30分钟。

（4）在腌制好的鱼表面裹一层薄薄的淀粉。

（5）将少许食用油加入平底锅，烧至六成热时放入鱼，中火将鱼两面煎至金黄色即可（图6-46）。

图6-46 香酥沙丁鱼（张家国 摄）

6.6.6 香酥海鳗

主料：新鲜海鳗1条

辅料：薄荷叶、食盐、胡椒粉半勺、料酒2勺、生抽1勺半、食用油

做法：

（1）将海鳗洗净，可用食盐涂抹鱼身，便于洗净黏液。

（2）从鱼背处用刀剖开后，去头尾、去骨，展开切成两段。

（3）将薄荷叶洗净、切碎，备用。

（4）用薄荷叶碎、食盐、胡椒粉半勺、料酒2勺、生抽1勺半腌制鱼片10分钟以上，用厨房纸巾吸干腌制好的鱼片。

（5）将少许食用油加入平底锅，烧至六成热时放入腌制好的鱼，中火将鱼两面煎至金黄色即可（图6-47）。

图6-47　香酥海鳗（孟琳 摄）

6.6.7　香酥鲈鱼

主料：新鲜鲈鱼1条

辅料：葱1根、生姜2片、食盐、料酒2勺、生抽1勺半、食用油

做法：

（1）从鱼背处用刀剖开，将鲈鱼洗净，去除骨和鱼刺。

（2）将葱1根切段、生姜2片切丝，备用。

（3）切下鱼头和鱼尾，鱼身切成厚鱼片，用葱段、姜丝、食盐、料酒2勺、生抽1勺半腌制30分钟以上。

（4）将少许食用油加入平底锅，烧至六成热时放入腌制好的鱼片，中火将鱼片两面煎至金黄色，另将鱼头和鱼尾炸熟，装盘即可（图6-48）。

图6-48 香酥鲈鱼（解正章 摄）

6.6.8 香酥鲮鱼

主料：新鲜鲮鱼2条

辅料：葱半根、生姜2片、蒜3 ~ 4瓣、红椒1根、豆豉3大勺、白糖1勺、料酒2勺、生抽1勺半、醋1勺、食用油

做法：

（1）将鲮鱼洗净，放在洗菜篮里于阴凉处放置一天，晾干至鱼肉微微紧实。

（2）将葱半根、生姜2片、蒜3 ~ 4瓣切末，红椒1根切段，备用。

（3）将适量食用油加入炒锅，烧至六成热时放入晾干的鱼，中火将鱼炸至两面金黄色，捞起沥油，备用。

（4）另起油锅，加入葱、姜末和红椒段爆香，加入豆豉3大勺翻炒片刻，加入生抽1勺半、白糖1勺、醋1勺、料酒2勺，放入炸好的鱼，烧汁收浓，装盘、撒葱末。

6.7　生鱼片的做法

6.7.1　金枪鱼生鱼片

主料：新鲜金枪鱼1块

辅料：白萝卜、紫苏叶、辣根、刺身酱油

做法：

（1）把金枪鱼块切成5mm的均匀厚片。

（2）将白萝卜切丝，用白萝卜丝垫底、紫苏叶装饰，将鱼片装盘。

（3）食用时佐以刺身酱油和辣根（图6-49）。

图6-49　金枪鱼生鱼片（张家国 摄）

6.7.2　金枪鱼寿司

主料：新鲜金枪鱼1块、大米饭

辅料：芥末、刺身酱油、寿司醋

做法：

（1）把金枪鱼块切成5mm的厚片。

（2）将米饭倒入寿司醋拌均匀，将醋饭握成饭团，用力适中。

（3）在鱼片上抹少许芥末，将鱼片放在饭团上。

（4）食用时蘸以刺身酱油（图6-50）。

图6-50　金枪鱼寿司（张家国 摄）

6.7.3　鲑鱼（三文鱼）生鱼片

主料：新鲜三文鱼肉

辅料：紫苏叶、柠檬、辣根、刺身酱油

做法：

（1）把三文鱼肉切成厚片。

（2）将鱼片摆放在盛有碎冰的盘中，用紫苏叶、柠檬装饰。

（3）食用时佐以刺身酱油和辣根（图6-51）。

图6-51　三文鱼生鱼片（张家国 摄）

6.7.4　黑鱼生鱼片

主料：新鲜黑鱼肉

辅料：白醋、白萝卜、辣根、刺身酱油

做法：

（1）用白醋浸泡黑鱼肉，再用清水洗净醋味，把黑鱼肉切成薄片。

（2）将白萝卜切丝，用白萝卜丝垫底，将鱼片装盘。

（3）食用时佐以刺身酱油和辣根（图6-52）。

图6-52 黑鱼生鱼片（张家国 摄）

参考文献

Referances

[1] 吕勋武. 多吃鱼可使头脑聪明［J］. 广西水产科技，2008（11）：44.

[2] 唐久来，郭晓东，唐茂志，等. 影响儿童智商的多因素因子分析［J］. 中国学校卫生，1999，20（3）：197-198.

[3] 赵峰，李作杰. 浅论智商与情商［J］. 现代企业教育，2007，（2下）：181-183.

[4] 张继平. 近二十年智力、智力测验及智商研究述评［J］. 上饶师范学院学报，2002，22（1）：56-59.

[5] 丽珠. 聪明是思维之果［J］. 东疆学刊，1994（4）：28.

[6] 丁芳，李其维，熊哲宏. 一种新的智力观——塞西的智力生物生态学模型述评［J］. 心里科学. 2002，25（2）：541-543，638.

[7] 中华人民共和国卫生部. 食品安全国家标准　婴幼儿配方食品，GB10765—2010［S］. 北京：中国标准出版社，2010：1-5.

[8] 温雪馨，李建平，侯文伟，等. 微藻DHA的营养保健功能及在食品工业中的应用［J］. 食品科学，2010，31（21）：446-450.

[9] 王欣，杨焕民. 脑黄金鸡蛋的研究进展［J］. 黑龙江八一农垦大学学报，2004，16（3）：64-68.

[10] 吴葆杰. 各种脂肪酸与冠心病猝死关系的研究进展［J］. 中国生化药物杂志，1997，18（6）：317-320.

[11] H J，Bilo. R O，Gans. Fish oil：a panacea ［J］. Biomed Pharmacother，1990，44（3）：169-174.

[12] 董伟，陈泮藻. ω-3多不饱和脂肪酸与炎性疾病［J］. 中国海洋药物，1997，4：34-39.

[13] 缪兵，张安中. Omega3多不饱和脂肪酸的药理［J］. 中国药理学通报，1995，11（1）：5-8.

[14] 吴葆杰. 人体的必要脂肪酸n-3型多烯脂肪酸癌细胞转移抵制剂［J］. 国外医讯，1997，12：25-26.

[15] 潘存霞. 二十二碳六烯酸在动物生产中的应用［J］. 北方牧业，2014，10：28.

[16] 谭乐，陈晓，杨明. 二十二碳六烯酸与胎儿、婴幼儿［J］. 江西医药，2013，9（48）：843-846.

[17] 徐建国，徐敏. ω-3多不饱和脂肪酸的临床应用［J］. 江西医药，2008，43（7）：735-737.
[18] 刘杰. 二十二碳六烯酸对人骨肉瘤细胞MG-63作用的实验研究［D］. 湖南：南华大学，2013.
[19] 李文宗，王磊. 长链多不饱和脂肪酸 EPA、DHA的基因工程研究进展［J］. 生物技术通报，2016，32（8）：1-7.
[20] 陈殊贤，郑晓辉. 微藻油和鱼油中DHA的特性及应用研究进展［J］. 食品科学，2013，34（21）：439-444.
[21] 胡爱军，丘泰球. 海藻中EPA，DHA萃取技术的比较研究［J］. 海洋通报，2005，24（4）：27-31.
[22] 王月囡，侯冬岩，辛广，等. DHA对婴幼儿的生理作用及应用研究［J］. 鞍山师范学院学报，2012，14（4）：50-53.
[23] 温雪馨，李建平，侯文伟，等. 微藻DHA的营养保健功能及在食品工业中的应用［J］. 食品科学，2010，31（21）：446-450.
[24] 张芝芬，戴志远，裘迪红. ω-3脂肪酸最新研究进展［J］. 现代渔业信息，2000，15（8）：13-16.
[25] 王秀文，韦伟，王兴国，等. 支链脂肪酸的来源与功能研究进展［J］. 中国油脂，2018，43（12）：88-92.
[26] 葛可佑. 公共营养师（基础知识）［M］. 北京：中国劳动社会保障出版社，2007：82.
[27] 陈辉. 现代营养学［M］. 北京：化学工业出版社，2005.
[28] 王镜岩，朱圣庚，徐长法，等. 生物化学（第三版，上册）［M］. 北京：高等教育出版社，2002：79-120.
[29] 雍克岚. 食品分子生物学基础［M］. 北京：中国轻工业出版社，2008.
[30] 邱雅，丰. ω-3多不饱和脂肪酸对心血管的保护作用及其分子机制研究［J］. 心脏杂志，2018，30（5）：580-617.
[31] 鲍建民. 多不饱和脂肪酸的生理功能及安全性［J］. 中国食物与营养，2006，1：45-46.
[32] 汪海林，武婷，李春蕾，等. 脂肪酸去饱和酶基因多态性对儿童红细胞膜脂肪酸构成和认知记忆的影响［J］. 华南预防医学，2017，43（2）：126-131.
[33] 侯文华，张文青. 二十二碳六烯酸水平与婴幼儿智力发育和视力发育的关系［J］. 临床医药实践，2010，19（4A）：247-289.
[34] 吴圣楣，贲晓明，蔡威，等. 新生儿营养学［M］. 北京：人民卫生出版社. 2003：127.
[35] 杨金生，霍健聪，夏松养. 不同品种金枪鱼营养成分的研究与分析［J］. 浙江海洋学院学报（自然科学版），2013，32（5）：393-397.
[36] 邹盈，李彦坡，戴志远，苏凤贤. 三种金枪鱼营养成分分析与评价［J］. 农产品加工，2018，（5）：43-47.
[37] 于光溥，王书昌，张云尚，宫向红. 金枪鱼类的生物学特征与资源概况［J］. 齐鲁渔业，1998，15（3）：40-43.

[38] 罗殷，王锡昌，刘源. 黄鳍金枪鱼食用品质的研究［J］食品科学，2008，29（9）：476-479.
[39] 李桂芬，乐建盛. 金枪鱼的营养功效与开发加工［J］. 食品科技，2003（9）：76-82.
[40] 丁少雄，刘巧红，吴昊昊，曲朦. 石斑鱼生物学及人工繁育研究进展［J］. 中国水产科学 2018，25（4）： 737-752.
[41] 王红勇. 适合我国南方养殖的高档鱼-青石斑鱼. 农村百事通，2010，（8）：46.
[42] 祝茜. 中国海洋鱼类种类名录［M］. 北京：学苑出版社，1998：86-89
[43] 李庆，黄毅昌，闫秀，简纪常，吴灶和. 石斑鱼遗传多样性及其系统发育分析［J］. 安徽农业科学，2015，43（29）：75-79.
[44] 雷霁霖，刘新富. 大菱鲆引进和养殖的初步研究［J］. 现代渔业信息，1995，10（11）：1-3.
[45] 孟庆闻，苏锦祥，缪学祖. 鱼类分类学［M］. 北京：中国农业出版社，1995.
[46] 雷霁霖，刘新富，马爱军. 大菱鲆的引进和驯养实验［A］. 中国动物学会. 中国动物科学研究［C］. 北京：中国林业出版社，1999. 408- 413.
[47] 门强，雷霁霖，王印庚. 大菱鲆的生物学特性和苗种生产关键技术［J］. 海洋科学，2004，28（3）：1-4.
[48] 王波，张朝晖，左言明，朱明远，张杰东，荆世锡，毛兴华. 牙鲆属主要经济鱼类的生物学及养殖研究概况［J］. 海洋水产研究，2004，25（5）：86-92.
[49] 王波，等. 大西洋牙鲆的引进试养及国外养殖研究概况. 海水健康养殖的理论与实践. 北京： 海洋出版社，2003：234-238.
[50] 雷霁霖. 海水鱼类养殖理论与技术［M］. 北京：中国农业出版社，2005：482-591.
[51] 罗刚. 三文鱼营养研究概况［J］. 畜牧与饲料科学， 2009，30（5）：23.
[52] 江建军，邓材，李华. 人工养殖三文鱼营养成分的分析［J］. 食品与机械，2012，27（6）：40-42.
[53] 陆九韶，李永发，夏重志，吴文化，王 斌，夏永涛. 人工养殖陆封型大西洋鲑的生物学特性［J］. 中国水产科学，2003，11（1）：78-81.
[54] 杨扩，张园林，陈刚强，等. 鲈鱼与养生［J］. 畜牧与饲料科学，2014，35（1）：51-52.
[55] 中国水产科学研究院珠江水产研究所，上海水产大学，华南师范大学，等. 广东淡水鱼类志［M］. 广州：广东科技出版社，1990：511-514.
[56] 王广军. 乌鳢的生物学特性及繁殖技术［J］. 淡水渔业，2000（6）：10-11.
[57] 万云辉，鲮鱼是池塘混养好品种［J］. 农村百事通，2006，（23）：43.
[58] 严立新，程 献. 鲮鱼［J］. 内陆水产，1994，（6）：28-29.
[59] 陈细华，李创举，杨长庚，张书环，吴金平. 中国鲟鱼产业技术研发现状与展望［J］. 淡水渔业，2017，47（ 6）：108-112.
[60] 于信勇. 史氏鲟的生物学特性及其养殖技术（连载）［J］. 科学养鱼，2000，（3）：16-17.

[61] 曲秋芝，高艳丽. 西伯利亚鲟的人工繁殖 [J]. 中国水产科学，2005，12（4）：492-495.
[62] 王德星，滕瑜，王彩理. 俄罗斯鲟生物学特征及海养技术 [J]. 科学养鱼，2010（1）：33.
[63] 沈文新. 鳜鱼的生物学特征及鳜鱼苗的人工繁殖技术 [J]. 上海农业科技，2018（4）：70-71.
[64] 龙昱，刘少军. 本地鲶鱼生物学特性及性腺显微结构初步研究 [J]. 生命科学研究，2006，10（3）：125-129.
[65] 张跃，劳启宁. 南方大口鲶的生物学特性及繁殖技术 [J]. 江西水产科技，1999，（2）：32，29.
[66] 马书军. 革胡子鲶的生物学特性与池养技术 [J]. 水产养殖，1998，（4）：3-4.
[67] 王令玲，仇潜如，邹世平，刘寒文，吴福煌. 黄颡鱼生物学特点及其繁殖和饲养 [J]. 淡水渔业，1989（6）：23-24，31.
[68] 陈振武. 黄颡鱼生物学特征及池塘养殖技术 [J]. 北京农业，2014，（5下）：155.
[69] 吴秀林，丁炜东，曹哲明，邴旭文. 不同体色黄鳝生物学特性的研究现状及前景 [J]. 淮海工学院学报（自然科学版），2014，23（3）：80-87.
[70] 石琼，孙儒泳. 黄鳝的性转变 [J]. 生物学通报，1999，34（5）：12-13.
[71] 余艳玲. 黄鳝人工养殖与繁殖要点 [J]. 水产养殖，2013（11）：1-4.
[72] 冯国民. 黄鳝的特性与养殖 [J]. 新农村，2011（5）：33.
[73] 杨金生，霍健聪，夏松养. 不同品种金枪鱼营养成分的研究与分析 [J]. 浙江海洋学院学报（自然科学版），2013，32（5）：393-397.
[74] 王峰，杨金生，尚艳丽，夏松养. 黄鳍金枪鱼营养成分的研究与分析 [J]. 食品工业，2013，34（1）：187-189.
[75] 罗殷，王锡昌，刘 源. 黄鳍金枪鱼食用品质的研究 [J]. 食品科学，2008，29（9）：476-480.
[76] 邹盈，李彦坡，戴志远，苏凤贤. 三种金枪鱼营养成分分析与评价 [J]. 农产品加工，2018（5）：43-47.
[77] 楼宝，高露姣，毛国民，等. 褐牙鲆肌肉营养成分与品质评价 [J]. 营养学报，2010，32（2）：195-197.
[78] 韩现芹，贾磊，王群山，等. 野生与养殖牙鲆肌肉营养成分的比较 [J]. 广东海洋大学学报，2015，35（6）：94-99.
[79] 刘旭. 鱼类肌肉品质综合研究 [M]. 厦门大学，2007：46-56.
[80] 宋理平，王春生，曾宪富，等. 大菱鲆肌肉基本成分分析与营养价值评价 [J]. 长江大学学报（自然科学版），2013，10（23）：45-49，59.
[81] 刘慧慧，迟长凤，李海峰. 舟山海域小黄鱼主要营养成分分析 [J]. 营养学报，2013，35（6）：604-606.
[82] 于琴芳，邓放明. 鲢鱼、小黄鱼、鳕鱼和海鳗肌肉中营养成分分析及评价 [J]. 农产品加

工学刊，2012，（9）：11-14，19.
[83] 林建斌，陈度煌，朱庆国，等. 3种石斑鱼肌肉营养成分比较初探［J］. 福建农业学报，2010，25（5）：548-553.
[84] 赵睿，娄方瑞，丁福红，等. 草鱼、梭鱼、黑石斑鱼的营养成分及加工品质比较［J］. 渔业科学进展，2016，37（6）：62-67.
[85] 揭珍，徐大伦，杨文鸽. 新鲜带鱼营养成分及风味物质的研究［J］. 食品与生物技术学报，2016，35（11）：1201-1205.
[86] 许星鸿，刘翔. 8种经济鱼类肌肉营养组成比较研究［J］. 食品科学，2013，34（21）：75-82.
[87] 丁海燕，孙晓杰，盛晓风，等. 几种主要养殖淡水、海水经济鱼类肌肉营养组成及对比分析［J］. 肉类研究，2016，41，（3）：150-155.
[88] 邢薇，罗琳. 鲑鳟鱼营养价值的比较研究［J］. 中国水产，2015，（3）：74-77.
[89] 曾少葵，章超桦，蒋志红. 海鳗肌肉及鱼头营养成分的比较研究［J］. 海洋科学，2002，26（5）：13-15.
[90] 刘露，施文正，王锡昌，等. 鲐鱼不同部位的营养评价及风味物质分析［J］. 现代食品科技，2016，32（4）：210-217.
[91] 张雪琰，牟志春，高建国，等. 4种海水鱼肉中脂肪酸组成分析及营养评价［J］. 食品研究与开发，2013，34（23）：111-113.
[92] 张金，曾庆孝，朱志伟，等. 罗非鱼与四种海水鱼鱼糜比较［H］. “科技创新与食品产业可持续发展”学术研讨会暨2008年广东省食品学会年会论文集：150-155.
[93] 缪圣赐. 沙丁鱼类的营养成分及其在人体健康上的特殊效用［J］. 现代渔业信息，1986，（1）：12-163.
[94] 食安通-食物营养成分查询，网址：http：//www. eshian. com.
[95] 王广军，关胜军，吴锐全，谢 骏，等. 大口黑鲈肌肉营养成分分析及营养评价［J］. 海洋渔业，2008，30（3）：239-244.
[96] 许建和，徐加涛，林永健，罗 刚，毕祥静. 海水和淡水养殖花鲈肌肉脂肪酸组成和含量分析［J］. 食品科学，2010，31（1）：209-211.
[97] 赵立，陈军，赵春刚，等. 野生和养殖乌鳢肌肉的成分分析及营养评价［J］. 现代食品科技，2015，31（9）：244-249.
[98] 韩迎雪，林婉玲，杨少玲，等. 15 种淡水鱼肌肉脂肪含量及脂肪酸组成分析［J］. 食品工业科技，2018，39（20）：217-222.
[99] 周朝伟，雷骆，邓星星，等. 乌鳢与白乌鳢肌肉营养成分分析与评价［J］. 淡水渔业，2018，48（3）：83-89.
[100] 严立新，程献. 鲮鱼［J］. 内陆水产，1994，（6）：28-29.
[101] 朱玲，张竹青，李正友，等. 华鲮肌肉脂肪酸的组成及营养成分分析［J］. 贵州农业科学，2010，38（10）：127-129.
[102] 刘家照，谢刚，林礼堂，钟海浪. 露斯塔野鲮与鲮鱼营养成分的初步分析［J］. 淡水渔

业，1983，（6）：21-22.

[103] 宋永康，黄薇，林香信，等. 同生长阶段人工养殖史氏鲟肌肉主要营养成分的比较研究［J］. 营养学报，2014，36（1）：96-98.

[104] 胡玉婷，江河，凌俊，等. 金色鳜鱼与普通鳜鱼肌肉营养成分的比较分析［J］. 水产养殖，2018，39（1）：36-41.

[105] 郜卫华，范宇，田罗，等. 洞庭湖鲶鱼肌肉成分分析及品质特性分析［J］. 饲料工业，2017，38（18）：18-24.

[106] 杨兴丽，周晓林，常东洲，等. 池养与野生黄颡鱼肌肉营养成分分析［J］. 水利渔业，2004，24（5）：17-18.

[107] 周敏，赵利，陈丽丽，等. 上高鳙鱼肌肉营养成分和品质分析［J］. 科学养鱼，2015，（10）：75-78.

[108] 吴秀林，丁炜东，曹哲明，等. 三种体色野生黄鳝肌肉营养成分的分析［J］. 食品工业科技，2016，37（1）：351-359.

[109] 牛慧娜，侯虎，郑海旭，等. 海鳗鱼皮胶原蛋白改善缺铁性贫血活性研究［J］. 中国食品学报，2018年，（3）：30-36.

[110] 袁学文，王炎冰. 远东拟沙丁鱼低聚肽化学组成及其增强免疫力功能评价［J］. 食品与发酵工业，2018，44（4）：104-110.

[111] 杨扩，张园林，陈刚强，等. 鲈鱼与养生［J］. 畜牧与饲料科学，2014，35（1）：51-52.

[112] 王辑. 水产品营养、食疗与烹调（二）黑鱼［J］. 内陆水产，1999，（2）：28.

[113] 宫民，刘丹阳. 鲟鱼营养价值研究进展［J］. 黑龙江水产，2018，（4）：10-11.

[114] 吴遵霖，吴凡，万星，等. 专用悬浮饲料养殖鳜鱼核心技术讲座第十讲：饲料养鳜营养价值与烹饪技术［J］. 渔业致富指南，2018，（13）：66-68.

[115] 王瑞庭. 糖尿病辨证食疗的规律研究［M］. 济南：山东中医药大学，2010，66-70.

[116] 鲍建民. 鲐鱼的营养价值及组胺中毒的预防［J］. 中国食物与营养，2006，（3）：55.

[117] 苹果绿养生网，石斑鱼的营养价值：https：//www. pingguolv. com/

[118] 张新林，谢晶，杨胜平，等. 三文鱼气调保鲜技术的研究进展［J］. 食品工业科技，2016，37（4）：395-399.

[119] 杨金生，林琳，夏松养，等. 超低温冻藏对金枪鱼肉质构及生化特性机理研究［J］. 海洋与湖沼，2015，46（4）：828-832.

[120] 聂国兴，傅艳茹，张浩，等. 乌鳢肌肉营养成分分析［J］. 淡水渔业，2002，32（2）：46-47.